改訂 実習で学ぶ モデルベース開発

―『モデル』を共通言語とするV字開発プロセス―

山本　　透 編著

脇谷　　伸
原田　靖裕
香川　直己　共著
足立　智彦
沖　　俊任
原田　真悟

コロナ社

● 編著者・執筆者一覧 ●

○編著者
山本　　透（広島大学）
やまもと　とおる

○執筆者
脇谷　　伸（広島大学）
わきたに　しん
原田　靖裕（元マツダ株式会社）
はら だ　やすひろ
香川　直己（福山大学）
か がわ　なお き
足立　智彦（マツダ株式会社）
あ だち　ともひこ
沖　　俊任（福山大学）
おき　としたか
原田　真悟（マツダ株式会社）
はら だ　しん ご

（2023 年 1 月現在）

発刊によせて　（初版時）

世間一般にモデルベース開発というと，制御開発のために使う「制御対象モデル」と「制御モデル」を使った設計検証手法を指すことになっている。しかし筆者らは，3D形状デー〔……〕や1次元の制御対象モデルも，制御モデルも…こ〔……〕全般をモデルベース開発と呼びたいと，新しいモデ〔……〕開発の姿から思い描くと，逆にこれらを区別して話〔……〕がる一つの技術やプロセスになるはずと考えるから〔……〕デルベース開発という言葉を使っている。すなわち，〔……〕化できるレベルまで解明し，そのモデルを使って最〔……〕〔……〕開発」と定義している。

〔……〕率化をイメージされる方々が多い。あるいは，開発〔……〕される方々も多い。しかし，本書で伝えたいのは，〔……〕は開発が成立しない，使いこなせないと産業が衰退〔……〕の荒波が押し寄せているということである。本書は〔……〕はあるが，その目的にとどまらず，ものづくりに携〔……〕き，これからの激動の時代の波を予知し，それに備

〔……〕るが，開発エピソードの一部から，その予告編とし

「改訂 実践で学ぶモデルベース開発」（改訂版第1刷）正誤表

頁	行・図・式	誤	正
50	下から1行目	$u(t)$	$q_1(t)$
57	式(3.27)中	$M\dfrac{d^2x(t)}{dt}$	$M\dfrac{d^2x(t)}{dt^2}$ ※p.58の式(3.31)についても。
58	式(3.32)中		
63	式(3.37)中	$Q_{w\Delta}(t)$ 周波数	$Q_{\Delta}(t)$ 角周波数
68	11行目	周波数	角周波数
73	6行目	固有周波数	固有角周波数

①

【事例1：世界一の燃焼は，モデルベースを駆使したからこそ実現できた】

当時，燃焼モデルは使い物にならず，どの企業も参考程度にしか利用していなかったのが実態であるが，資源が少ない会社であるからこそ，ここに真っ向勝負してモデル精度を上げてきた。ついには，モデルによる転写設計までが可能なレベルにまで精度が高まった。このモデルなしには世界一の燃焼は実現できなかった，といわれるほどの成果となった。このエピソードから，世界一の最適設計を世界で最初に成し遂げる価値こそが，モデルベース開発のやるべき役割の究極の姿であると，筆者らは伝えたい。

【事例2：自動車の制御系開発は，すでにモデルベース開発なしに成立しない】

自動車の制御システムの規模は10年で10倍ずつの指数的スピードで増大しており，すでに実機ベース開発で可能な臨界点を超えている。本書の中で取り上げているが，モデルベー

スなしには 3 か月かかる技術開発が 1 日で可能な事例などは，その好例であろう。また，図面を出す前の仕様検証は，もはや人間では不可能なレベルの仕様書のページ数（きっと印刷すれば数万ページ）であり，モデルを使っていくらでも机上検証できる環境を備えなければ不可能な時代に突入している。そうやって仕様書の品質を高めたあとも，最終品質を高めるためのさらに膨大なキャリブレーション業務や総合車両評価業務が待ち構えており，まさに想像を超えたレベルでの激しい業務があたりまえとなっている。

【事例 3：孤立孤高のロータリーエンジンの開発からモデルベース開発は始まった】

1987 年，もう 30 年も前，資源面で余力がなかったロータリーエンジン開発の中でモデルベース開発は始まった。筆者らが知る限り，自動車業界としては世界でも最も早い時期であったと思う。当時，ロータリーの制御は他のエンジンの 3 倍のプログラムサイズであり，アルゴリズムは破格の複雑さをもつ規模であった。当時は，言語もツールもプラントモデルもすべて自前開発であった。50 種ほどの関数の組合せだけで，自由にエンジン制御を設計検証開発できる環境を構築した。当時としては高度なアクティブ制御を，開発着手からキャリブレーションの終了まで，半年かかるのがあたりまえのところを，1 週間でやりきったことで関係者を驚かせた。

以上述べたいずれの事例にも共通点がある。世界中でだれも助けてくれない，普通のやり方では生き残れない，自分たちで革新しなければ滅亡する，という危機感の中からモデルベース開発による革新は生まれてきた。世界中の他の成功事例をひもといても，複雑で高度な開発であればあるほど，モデルベース開発はその威力を発揮してきたといえるであろう。例えば，月面着陸したアポロプロジェクトが有名であるが，文字どおり彼らは，一度も月での実機検証をすることなく，その偉業を達成させたのである。モデルベース開発の発展の歴史は，宇宙航空分野から始まり，自動車分野に広がってきた。そして現在では，さらに多くの工業分野に展開されつつある。いずれも，複雑な開発の解決策として広がってきた。

本書は，広島大学の山本透教授に編集者となっていただき，新しい定義でのモデルベース開発の入門書としてまとめたものである。本書が，将来のさらに高度で複雑な開発に挑戦されるであろう方々の一助となればありがたい。

2018 年 3 月

マツダ株式会社
統合制御システム開発本部長
原田　靖裕

ま え が き

　製品に対する顧客のニーズは，年々，多様化・複雑化しており，企業はこれらの要求に迅速に応えなければならない現状にある。しかしながら，自動車などの複雑なシステムでは，最適なコンポーネントの組合せや，その調整パラメータが無数に存在し，実物を用いた設計や調整を行うには膨大な時間と費用が必要となっている。その一方で，国際的な開発競争の激化から，製造にかかるコストや時間をできる限り抑制しなければならない制約が課せられている。ところで，コンピュータ技術の急速な発展により，最近では複雑なシステムをコンピュータ上で実現し，机上でシステムの設計・検証を行うモデルベース開発（Model Based Development：MBD）の重要性が唱えられ，産業界では急速にその適用が進められている。

　このような背景において，国内ではJMAAB（Japan MBD Automotive Advisory Board）が創設され，MBDに関わる技術者のスキル基準の策定など，MBDの普及振興に精力的に取り組まれている。また，広島県においても，『ひろしま自動車産学官連携推進会議（「ひろ自連」と略称）』が2015年6月11日に創設され，「2030年産学官連携ビジョン」を掲げて活動を行っている。上記目標の達成にあたり，ひろ自連では，三つの委員会と四つの専門部会を設置し，相互連携を進めながら活動を行っている。専門部会の一つであるモデルベース開発専門部会では，先に述べたモデルベース開発力の基盤強化を目的として，マツダ株式会社と広島大学が中心となり，2016年に「MBD（モデルベース開発）基礎講座」が広島大学に設置された。この「MBD基礎講座」は，自動車産業を中心とした地域企業に対して，実践的な教育とエンジニアの育成の役割を担っている。また，2017年に「ひろしまディジタルイノベーションセンター（HDIC）」が創設され，自動車産業以外も含めた県内企業技術者に対するMBD研修などのサービスを通して，MBDの県内外企業への浸透に努められている。さらに，2021年7月にはMBD推進センター（JAMBE）が設立されるなど，MBDの普及・振興の気運が，自動車産業に留まらず，さまざまな産業分野へ拡がりと高まりを見せるに至っている。

　そのような背景に鑑み，上述の「MBD基礎講座」が中心として進めるMBD基礎研修における入門書として，2018年6月に本書「実習で学ぶモデルベース開発」（初版）を発行した。以来，多くの方々に手にしていただいているところであるが，本書の中で扱っているソフトウェア（MATLAB & Simulink）もこの間バージョンアップを重ね，本書も新しいバージョンに即した形に書き改める必要が生じてきたことから，この機会に内容を再考させていただいた。これまで同様，実習を中心としてMBDを体験的に学習することができるという特徴を維持した形で7章構成とし，それぞれを以下のように分担して執筆していただいた。

1章　原田靖裕, 足立智彦, 香川直己	2章　脇谷　伸, 沖　俊任
3章　脇谷　伸, 山本　透	4章　脇谷　伸
5章　脇谷　伸	6章　原田真悟, 足立智彦
7章　山本　透, 脇谷　伸	

本書は，おもに 1 章〜3 章の準備にあたる部分と，MBD の醍醐味となる 4 章〜6 章から構成され，さらに新しく 7 章では MBD の今後について概観している。

1 章では，「MBD とは何か？」について，MBD による開発エピソードを交えながら，わかりやすくまとめている。2 章では，モデリング，シミュレーション，検証などモデルベース開発に必要不可欠となる開発ツールの操作方法を中心に解説している。3 章では，「モデルとは何か？」に始まり，微分方程式による物理モデリングについて，上述の開発ツールを用いた実習を通して詳述している。

4 章では，「DC モータの制御システム」を題材として，MILS（Model–In–the–Loop Simulation）の手順をわかりやすくまとめている。これに連続する形で，5 章において，HILS（Hardware–In–the–Loop Simulation）について解説している。HILS の学習には HIL シミュレータが必要とされているが，高価な機器であるため，なかなかそろえられない。このことが MBD の教育・研修が広く普及しにくい一因となっている。この問題に鑑み，筆者らは「学習用簡易 HIL シミュレータ」を開発し，これを用いた実習に基づいて HILS を説明している。なお，HILS で利用する「学習用簡易 HIL シミュレータ」と「DC モータの制御システム」については，下記サイト†を参照されたい。また，同サイトでは各章で作成したプログラムの解答例も掲載しているので併せて参照されたい。6 章では，モデルと実システムとをつなぐキャリブレーションとして MBC（Model–Based Calibration）の概略を紹介している。

7 章では，「モデル」と「データ」のインタプレイ（相互作用）に基づく新しいデジタルものづくり開発プラットフォームの必要性を述べるとともに，その開発プラットフォームの一例として，編者らが広島大学デジタルものづくり教育研究センター「データ駆動型スマートシステムプロジェクト」において考察を重ねてきた「スマート MBD」を紹介している。

最後に，文章校正等には広島大学助教の木下拓矢氏をはじめ，広島大学システム制御論研究室の学生にご協力いただいた。さらに，マツダ株式会社の森重智年氏，MBD 推進センターの村岡正氏，ひろしまデジタルイノベーションセンターの安藤誠一氏，久保田寛氏，広島大学デジタルものづくり教育研究センターの前垣直美氏，小林精機製作所の小林隆氏，ならびに一般社団法人デジケーションの山城友栄氏，下中範里子氏には，本書の基盤となっている MBD 研修の円滑な実施・運営にご助力いただいた。また，出版に際してコロナ社の関係各位にはご尽力賜った。ここに記して謝意を表するとともに，本書が，MBD のさらなる普及・振興に繋がることを切に願っている。

2023 年 1 月

山　本　透

---

† https://www.coronasha.co.jp/np/isbn/9784339046830/

目　　　次

1.　モデルベース開発（MBD）

2.　MATLAB/Simulink によるモデル構築

3. 物理モデリングと解析の基礎

目 次 vii

4. MILS

4.1 V字開発プロセス 83
4.2 DCモータ制御システムを用いたMILSの実習 86
4.2.1 DCモータ制御システム 86
4.2.2 要件定義 86
4.2.3 DCモータ制御システムの機能とブロック線図 87
4.2.4 設計の手順 88
4.3 DCモータ・ディスクモデルの要素設計（プラントモデル） 89
4.3.1 DCモータ・ディスクモデル 89
4.3.2 センサモデル（タコジェネレータ） 92
4.3.3 モータドライバモデルと電流センサ 96
4.3.4 プラントモデル結合テスト 99
4.4 DCモータ・ディスクモデルの要素設計（コントローラモデル） 100
4.4.1 A–D変換器 100
4.4.2 パルス発生器 103
4.4.3 アルゴリズムの設計1 106
4.4.4 コントローラモデル結合テスト 110
4.4.5 プラントモデルとコントローラモデルの結合テスト 112
4.4.6 アルゴリズムの設計2（PID制御） 116
章末問題 118

5. HILS

5.1 HILSとHILシミュレータ 119
5.1.1 HILSの目的 119
5.1.2 HILシミュレータの要件 121
5.2 簡易HILシミュレータの構築 122
5.3 コントローラモデルの実装 126
5.4 HILSによる動作テストと制御実験 129
5.4.1 HILSによるECUの動作テスト 129

6.　　　MBC

7.　モデルとデータのインタプレイによるスマート MBD

1 モデルベース開発（MBD）

本書の読者には，まだモデルベース開発（Model Based Development：**MBD**）の実践経験がない方々もおられると想定される。本章では，なぜモデルベース開発が必要なのか？　どのような意義があるのか？　どのような実践をしているのか？　まずはこれらを事例に基づいて紹介する。なお，わかりやすく具体的に伝えるために，自動車業界における筆者らの業務経験にかたよった紹介にならざるを得ないことを容赦されたい。

1.1　自動車業界における MBD

1.1.1　高度な開発を支える MBD

まず，MBD が必要とされた背景から説明しよう。当時（2006 年頃），筆者が所属する会社では，世界一の燃焼効率のエンジン開発に挑戦していた。新世代商品開発の目標は，過去に例がないくらい高いものであった。なにしろ，ハイブリッド電気自動車（Hybrid Electric Vehicle：HEV）でもない，電気自動車（Electric Vehicle：EV）でもないのに，当時の HEV に並ぶくらいの燃費を出すような目標であった。開発人員もきわめて少なかった。従来のやり方では，到底開発は成功できそうになかったという背景を理解されたい。

〔**1**〕**エンジン燃焼開発での実例**　このプロジェクトで燃費を大きく改善した要因で最大のものは，何といってもエンジン燃焼の革新であった。当時，燃焼効率は良いエンジンでも 30%程度であり，70%は損失するというのが相場であった（**図 1.1**）。まず，究極の燃焼を機能強化から構想し，3–STEP で理想に到達する道を描いて進めることにした。電気部品の効率がすでに 90%を超えていることに比べると，エンジンはまだまだ大きな改善の余地があり，宝の山である。理論的にはエンジンの圧縮比（吸い込んだ気体を何倍の密度に圧縮してから燃焼させるかの比率）を上げれば上げるほど，燃焼効率が改善することは知られているが，異常燃焼という悪魔の現象を伴うことから，これまでだれもこれを克服できなかった。

このエンジンが産声を上げたときのエピソードを披露したい。あるチーフエンジニアが圧縮比 15 のエンジンを回してみることを構想した。圧縮比 12 が困難なときに 15 は正気の沙汰ではない。当時の担当者たちは，「ものになるわけがない」「ご乱心か？」と陰で揶揄した。しかし，回した結果は，予想外にトルクが落ちなかった。担当者は「実験ミスだと思い何度も

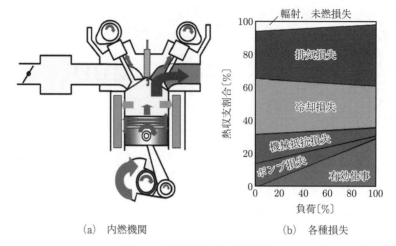

(a) 内燃機関   (b) 各種損失

図 1.1 内燃機関とその各種損失

確かめた」と後述している。あとからわかることだが，着火前の低温酸化反応で燃焼に変化が生まれていた。思ったほどトルクが落ちなかったとはいえ，悪魔の異常燃焼は存在しており，実用化のためには問題が山積していた。その後，燃焼室の形状をさまざまに変更して研究を進めたが，当初，実験結果とシミュレーションは合わなかった。当時の CAE（Computer Aided Engineering）モデルでは説明することができなかった（**図 1.2**）。そのカラクリは容易には見えてこず途方に暮れた。

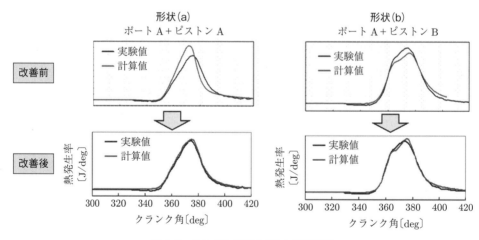

図 1.2 エンジン燃焼モデルの精度改善

これに対処するために，まず，サファイアガラスでエンジンの燃焼室内部を観察できる特殊なエンジンを試作した。なんと，燃焼する直前，CAE モデルで予測したのとは逆向きの混合気流動渦を発見し，愕然とした。説明がつかず，その日から苦しい日々が始まった。CAE技術者とエンジン設計者と実験者とが一体となって，モデルで燃焼のカラクリを説明できる

ように，とことん追求していった。

　ここに，開発後半に私たちが手に入れた技術力レベルを説明する逸話がある。いつもはピリピリした開発進 捗 会議でのこと，主担当者がこのモデルの技術的解釈を説明し終えたとき，どこからともなく賞賛の拍手が沸き起こり，止まらなかった。最初の頃，モデルに懐疑的であった開発の最前線の専門家たちが，開発後半で語ってくれたのは，「このモデルがなければ，この燃焼は絶対に実現できなかった。」という 褒 詞 であった。モデルが信用できるようになれば，机上での仮説検証はいくらでもできる。机上とはいえ無作為に試行錯誤するのではなく，良い燃焼特性を狙い通りに最適設計することにもチャレンジした。この開発において，排気量が異なるエンジンでも，狙った特性にそろえることに初めて成功した（図 **1.3**）。これにより，二つめからのエンジンへの展開は，大きく効率化された。

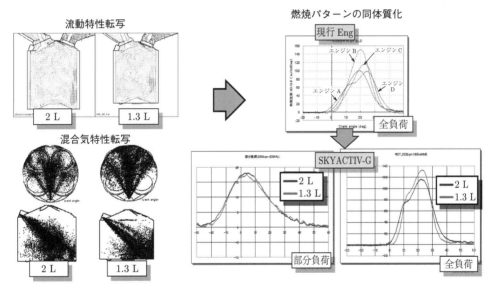

図 **1.3** 燃焼のコモンアーキテクチャー

　〔**2**〕 **エンジン制御系開発での実例** 　エンジンのポテンシャルを安定的に高く引き出すのは制御の役割である。これについても，すべて新規開発になったのでモデルベース開発をすべてに適用した。当時から，制御システムの複雑化が進行し，開発しにくい困難な状況が加速していた。制御システムの規模は 10 年で 10 倍ずつの指数的スピードで増大していた。最適化すべきパラメータの数は膨大で，最適な高い山がどこにあるかの探索は，人間の能力の限界を超えてきていた。モデルベース開発による革新を理解しやすくするため，かなり昔の開発プロセスを以下に示す（図 **1.4**）。

　昔の制御開発プロセスは大きくは 3 工程に分かれており，第 1 の工程では，自動車メーカが制御仕様を設計し出図する。しかしこの時点では，その仕様に矛盾があるかないかは検証

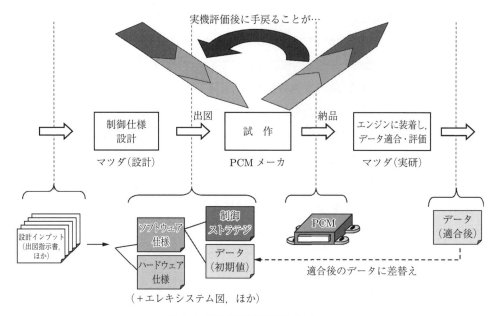

図 1.4　従来型制御系開発プロセス

ができていないものであった。第 2 の工程では，電装品メーカが制御コンピュータ（Engine Control Unit：ECU）を試作するが，これにはたっぷり 3 か月を要していた。第 3 の工程では，できあがった ECU を試作エンジンと接続するが，仕様ミスとバグが原因で，数か月間まともにエンジンが動かないのはあたりまえのことであった。動き始めてから数か月かけてエンジンのキャリブレーション[†]を行い，やっと開発の 1 サイクルが回る。これを数度繰り返す。つまり，膨大な手戻りの構図であった。

　これに対し，新しい制御システム開発は，5 工程の **V 字開発プロセス**で構築されている（図 **1.5**）。

　まず，第 1 のプロセスは，**Rapid-ECU** と呼ばれ，内製の汎用制御コンピュータを活用する。これによると，試作に 3 か月をかけることなく，朝思いついたアイデアを，昼にはプログラム化し，夕方には実車テストやベンチテストにより結果を見ることができる。つまり 90 日かかっていたことが 1 日でできることになる。ECU 試作を待たずに，どんどん実機を使ったカラクリ研究開発を進める手段である。

　第 2 のプロセスは，**構想設計用 MILS**（Model–In–the–Loop Simulation）を活用した，エンジンも車も存在しない開発初期段階のモデルベース開発である。車両レベルで走りも燃費も変速も再現できる車両モデル技術が求められる。走行するためには，制御モデルもドライバーモデルも路面モデルも必要である。このモデルを活用し，エネルギー最適化を机上で

　[†]　制御で操作する量やタイミングを，あらゆる環境下で最適にするために，制御パラメータをチューニングする作業を指す。

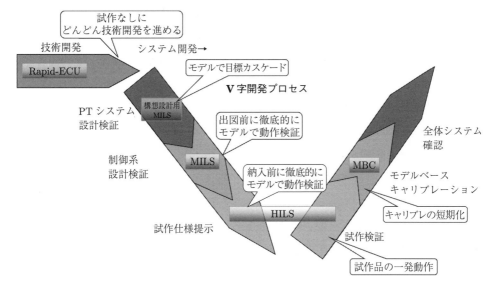

図 1.5　モデルベース開発プロセス（現在の制御系開発プロセス）

徹底的に行う。当時の燃費目標は 30 km/L であった。その実車の姿も形も無い開発着手時期に，30 km/L で走る仮想車両モデルができあがっていた。そのモデルを規範として開発が進められ，この初期段階において，燃費目標の整合は取られた。

　第 3 のプロセスは，前工程で配分された機能目標を形あるものにブレークダウンする工程である。各部門の詳細設計をサポートするものであり，**詳細設計用 MILS** を活用する。この段階になると，エンジンモデルも車両モデルも詳細度を増し，それとつながる制御のモデルも詳細になる。モデルとして非常に計算が重くなる。これを効率化するために，複数のコンピュータを並列処理させる特別なハードウェアに，これらの詳細モデルをインストールしての設計検証業務となる。それをもってしてもエンジン燃焼モデルは，スーパコンピュータ上でないと動作できないくらい計算が重いため，この解決のためには，IN/OUT 関係だけ合わせ込んだ，計算が軽い統計モデルのようなものに置換して利用する。このようなモデルのハイブリッド的な利用は，実用化技術としてなくてはならない工夫である。これらのモデルを使って，従来は実車でなければできなかったような車両レベルの総合診断を，1 万通りでも 10 万通りでも机上で自動実験可能となる。

　第 4 のプロセスは，**HILS**（Hardware–In–the–Loop Simulation）を活用した実機 ECU の動作検証である。この工程では，前工程で設計検証した結果どおりとなるよう，答え合わせを行う。また，この工程になると，本物のセンサやアクチュエータもつないで，電気的な過渡応答やノイズの影響などを効率的に検証していく。

　第 5 のプロセスは，実機試作後のキャリブレーションへの活用である。ここでエンジンのキャリブレーションの困難さを知らない方々も多いはずなので説明する。燃料噴射のタイミ

ングや量など，さまざまなパラメータを，あらゆる環境下で最適にするために，調整すべき
パラメータ数が膨大にある。例えば，ある一つの定常 MAP（600 格子点）のキャリブレー
ションを説明すると，5 個のパラメータを 7 水準ずつ変えて調整する場合，その組合せは，
$7 \times 7 \times 7 \times 7 \times 7 \times 600 = 1$ 千万通りとなり，これをすべてエンジンを回しながら確認する
となると途方もなく時間がかかる。

　ここで，エンジンの完成後，実機エンジンの IN/OUT と等価なエンジンモデルを作るの
に必要な基礎データをすばやく計測し，作り上げたエンジンモデルを用いて机上でキャリブ
レーションすることを行っている。これについても，この技術ができた頃，「ベテランエンジ
ニアが実機でキャリブレーションした結果」vs「モデルベースでキャリブレーションした結
果」を比較する実証実験を行った。結果は机上のほうが燃費が数％良く，かつ所要期間も短
かった。すでに現在の制御システムとパラメータは，人間の能力では全体が見渡せないほど
複雑で膨大で，最適解がどこにあるのかを探し出せないうちに納期がきてしまうということ
を意味している。この傾向は，今後ますますひどくなることは間違いがない。見渡すための
道具としても，モデルベースは必須といえる。

1.1.2　過去の MBD の総括

　モデルベース開発は，1987 年頃，資源面で余力がなかったロータリーエンジン開発の中で
生まれた。当時，ロータリーエンジンの制御はほかのエンジンの 3 倍のプログラムサイズで
あり，アルゴリズムは複雑で破格の規模であった。最初は Rapid–ECU の開発から始まった。
複雑に見える ECU の周辺回路を分析すると，10 種類程度の入力回路と出力回路に整理する
ことができたので，これをあらかじめ備える構成とした。また，マイコンボードならびに制御
用言語の開発もすべて内製で行った。50 種類ほどの関数（現在の関数アイコン）の組合せだ
けで，自由にエンジン制御系が開発できる環境を構築した。この MBD ツール群は，FICCS
(Function Integrated Composer with Control Symbol) と呼ばれ，1991 年に量産される
ことになる新商品の技術開発から活用された。当時，開発車両の加速時におけるひどい振動
に苦しんでおり，レスポンスの良い加速を落とすことなく，有害な振動成分だけ軽減する両
立解を見いだそうとしていた。加速振動と逆位相でトルク制御し，振動を精度良く止める点
火アクティブ制御を，モデルベース開発に基づき超短期で開発した。実際に，当該部分の制御
ロジックの開発着手からキャリブレーション終了までを 1 週間でやりきった。当時は半年か
かるのが普通だったので関係者を驚かせた。このとき，車の走行をシミュレートするモデル
も作り，点火アクティブ制御の動作検証もモデルで行った。そのロジックをすぐに実車に搭
載することができたので，振動は簡単に抑制できたが，最後まで苦労したのは加速フィーリ
ングだった。同乗したテストドライバーの駄目出しの意味を理解しながら，テストコース横

に車を止めて 10 分で対策制御ロジックを作り，即実車確認することを数度繰り返し，難しい両立解にたどり着いた。この成功は 1988 年のことであった。これらいずれの事例も共通点がある。世界中でだれも助けてくれない，普通のやり方では生き残れない，自分たちで革新しなければ滅亡する，という危機感の中からモデルベース開発による革新が生まれてきた。

　以上述べた MBD 事例は，当時としての技術力精一杯の事例であった。いまとなってはもう，未熟と見える部分も多々ある。しかし，一事例としてのわかりやすい価値はまだもっている，と信じてご紹介させていただいた。これから将来の MBD のあるべき姿について，その入り口の話になってしまうが，次節で述べたい。

1.1.3　MBD によるあらゆる産業の開発変革への取組み

　今後将来にわたって，従来の MBD という概念よりもさらに大きく広い範囲を相手にして，もはや "ものづくり" 全般をモデルで取り扱うことになるであろうと予見される。商品開発は，どのような顧客価値を提供するのか，そのためにどのような目標値をもった商品をつくりたいのか，といった企画構想にはじまり，その目標を実現するためのユニットや部品開発，設計図面に基づく工場での生産準備，工場での生産，ディーラーでのサービス，ライフエンドでの廃棄までが MBD になるであろう。

〔1〕　モデルによる開発の志　　本書では，開発対象のカラクリを，数式モデル化できるレベルまで解明し，そのモデルを使って最適開発する技術全般を，モデルベース開発として話を進めてきた。これを商品開発に適用することの志は以下を意味する。

　「からくりを再現できる開発対象物一式（＝自動車会社の例ではクルマ 1 台分）まるごとモデルを開発し，肝となる制御因子の特定とその技術を徹底的に高めることによって，ユーザの期待を超える世界一の商品を開発する。このような開発を継続することによってエンジニアの育成と技術の伝承を行い，何代にもわたって技術のスパイラルアップを続けていく」。ここには，さまざまなモデルを用いることの意味が込められている。従来の CAE，品質工学，人財育成の要素が含まれていること，クルマに限ったことではなく「ものづくり」全般での価値を訴求していることが理解いただけると思う。以降では，その一部分を紹介して理解を深めたい。

〔2〕　開発対象物一式のモデル　　自動車の例でいえば開発対象物の一式とは車 1 台分のモデル開発環境を意味する。さらに具体的には，車両モデルと環境モデル，人間モデルの三つで構成され（図 1.6），車両モデルは，車体などの構造を表すハードモデルと制御を表す制御モデルで構成される。環境モデルは，例えば走行時の路面や空気の流れなどの使用条件を表し，車と外界との境界条件を自由に定義できるモデルである。人間モデルは，人間と環境と車の双方向関係を定義するもので，例えば，仮想の車を意思をもって運転するドライバー

①クルマ，②制御，③乗員，④環境のすべてをモデル化（数式化）してつなげる。

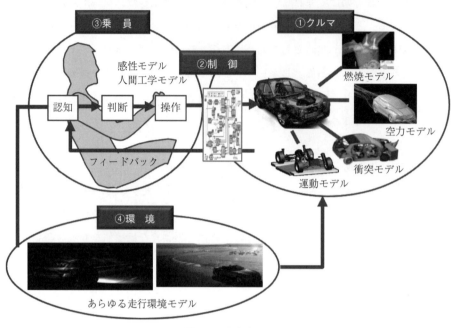

③乗員　②制御　①クルマ

感性モデル 人間工学モデル

認知　判断　操作

フィードバック

燃焼モデル

空力モデル

衝突モデル

運動モデル

④環境

あらゆる走行環境モデル

図 1.6　車 1 台のモデル

モデルの意味もあるし，人間の感性や傷害値など人間への影響を評価するモデルでもある。これら三つのモデルの組合せによってあらゆる環境，使用条件による車の性能を予測・分析することを可能としようとするものである。さらに，この車 1 台のモデルは複数の階層モデルから構成されるべきであると考える。モデルは，決定したい目的に応じて，詳細度のレベル分けをし，何種類かの階層化をする必要がある。一見，すべて一番詳細の粒度で車 1 台のモデルができるのが理想と思われるかもしれないが，そのやり方では，車の形がない構想段階にににおいては，モデル計算ができないという矛盾を意味する。構想段階には，シンプルな理論式，もしくは実験データのような特性の組合せで，性能設計できるようなモデルが望ましいことは自明であろう。また，開発が進むにつれて，詳細なモデルにどんどん置換されていくような使い方を，イメージしていただきたい。構想設計段階では，そのようなシンプルな理論式，もしくは実験特性レベルの組合せによるモデルを活用して，おのおのの階層で関連する機能を整合化することによって，効果的に性能を達成させる肝となる制御因子，およびブレークスルーポイントを見つけることで理想の機能配分を設定することを目指す。車は，さまざまな性能を高い次元でバランスさせることが求められており，後工程での大きな手戻りはなくさなければならない。そのため，開発の時間軸で早い段階，すなわち企画構想段階

において，熱，運動，NVH[†]，衝突などの主要な性能に関して調整済みにしておくことが望ましい。図 **1.7** に示すようなモデル群によるカスケード手法によって，企画構想レベル（以降 Lev.1 と呼ぶ）から図面作成レベル（以降 Lev.3 と呼ぶ）までを手戻りなくさまざまなモデルをつなぎ組み合わせて開発を進めることが必要であると考える。なお，これらのさまざまな粒度のモデルの技術整合性のあるべき姿は，別の専門書が必要になるくらい複雑なので，ここではこれ以上は述べない。また，そのモデルを使ったプロセス設計は，各企業のノウハウの詰まったものになるであろうから，これからも図書の形で発行されることはあまりないであろう。本書の読者みずからが，これらの道を切り開いていかれるものと思われる。

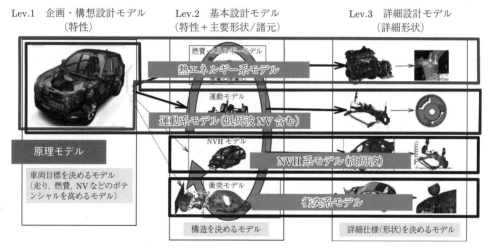

図 1.7　企画構想から詳細設計までのカスケードイメージ

1.1.4　将来の MBD

　未来を展望してみよう。未来を精度よく予言して的中させてきた米国の著名な発明家カールワイル氏の著書『POST HUMAN』の記述に，複雑性の爆発的進化が起こり，人間が扱える範囲を超えるという記述がある。その一例として，2043 年には，たった$1 000 のコンピュータが，全人類の全人口で考える思考能力を超えると予見されている。この意味するところは，あらゆる企業において，アポロプロジェクト開発をはるかに超える規模の複雑な開発を，あたりまえに行うことが求められるようになるであろうということであり，その時代においては，モデルベースは決して一部の高度なことをする人たちの道具ではなく，あたりまえにこれを使いこなさなければ，企業は生き残れなくなることを意味している。

　そのような超複雑なシステムを開発するとき，実機を評価して確かめるという従来のやり

---

†　車の快適性の評価に用いられる，Noise（騒音），Vibration（振動），Harshness（乗り心地）の頭文字による略語である。

方では，開発期間がいくらあっても足りず，従来型開発は破たんするであろう。すでに航空宇宙だけでなく，自動車の開発においても，その予兆は始まっている。超複雑な車両システムを，簡単に開発する手法はあるのか？　この切り札は，「モデルベース開発（MBD）」しかないと思う。対象をモデル化して，机上で最適設計する。実機ではそれを確認するだけにしたい。開発の上流から下流のプロセスまで，さらには製造やサービスまでも，「モデル」ですべての技術や業務をつないでいく革新が必要であると考える。このようにして，複雑なモノを手の上で容易に扱えるようにする革新により，第4次産業革命に立ち向かうべきだと思う。

　モデルベース開発は，未知の世界で無数のアイデアを試すようなものである。どこに自分たちが目指す山があり，どこに通ってはいけない谷があるか，どのルートで行くのが一番早くその山に登れるのか？　を探求するためにモデルベース開発は使える。単なる効率化のためだけでなく，世界一になるために，創造のために，モデルベース開発を使うべきであると思う。

　世界で競合力を持ち続けるにはどうあるべきか？　革新しなければ生き残れないという危機感をもって，モデルベース開発を再考したい。もはや大きな会社であっても一社では開発できない時代がくる。いまこそ，パートナーシップをもって共創的に技術を切磋琢磨して取り組む必要があり，その共通言語こそが「モデル」であり，今後「モデルベース開発（MBD）」がいっそう重要となるであろう。

1.2　大学における MBD の教育

　そもそも大学工学部の教育は MBD，すなわち，モデルベース開発を担うことを前提にしてきたといっても過言ではない。機械工学，電気工学など，工学部物理系で講述する理論は正に扱いたい対象を，それを活用する環境を考慮して単純化すること，すなわち「モデル化」すること，さらにそれを用いて物理現象を予測することである。

　工学と理学の違いを問われることがあるが，理学は真理の追究であるのに対し，工学は「数学と自然科学を基礎とし，ときには人文科学・社会科学の知見を用いて，公共の安全，健康，福祉のために有用な事物や快適な環境を構築することを目的とする学問（「工学における教育プログラムに関する検討委員会」1998 年）」といわれるように，人の幸せを追求する学問であるといえる。それゆえに，大学工学部の教育においては，「なぜつくるか」から配慮できる姿勢を培う必要がある。ものづくりのプロセスはしばしば，**V 字プロセス**で示される。このプロセスは一種のフラクタル構造を成すといえるが，教育の観点から俯瞰すれば，**図 1.8** に示すようになるのではないだろうか。

　この中にあるエッセンスを教育するためのカリキュラムが工学部の学科の如何に関わらず，

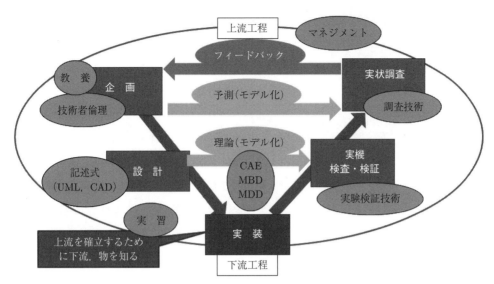

図 1.8　大学工学部の教育から解釈した V 字プロセス

それぞれの専門領域で包含されている必要がある。図 1.8 に示す V 字プロセスの左側は，実際にものをつくる前の作業になる。ここでは，「なぜつくるか」「なにをつくるか」「どのようにつくるか」を突き詰めていくことになり，いわゆる企画，設計を行うプロセスになる。設計はさらに，概念設計，基本設計，詳細設計などと細かく過程が分類される。大学の工学教育においては，おおむね，設計領域に必要な知識と技能は，それぞれの専門で体系化され，理論の講義，あるいは実験として実施されている。製品開発過程では，その後，製作，あるいは実装が行われ，ここで初めて現物が現れることになる。この過程は，工学教育においては，実習がこれに当たるといえるが，大学における実習は実装の技能を上げるより，むしろ設計の知識を定着させるためにあるといえる。

　一方，現物を製品として世に出すまでには，必ず検証が必要になる。図 1.8 に示す V 字プロセスの右側がそれにあたる。さらに，検証の過程においても，「なぜ検証するのか」「なにを検証するのか」「どのように検証するのか」を明確にしておく必要がある。あたりまえのことであるが，検証において不具合が生じた場合は，該当する箇所の検証を経て再設計がなされる。つまり，V 字プロセスの対面の左側に戻り，検証がクリアできないかぎり，プロセスが繰り返されることになる。それでは，大学教育ではどうかといえば，検証内容を吟味して組み立てることを講義で学ぶ機会は少ないのではないだろうか。それゆえに，卒業研究では，教員の助言のもとに，アクティブラーニングの態様で検証（テスト）設計と検証の実施を学ぶ重要な機会になっているといえる。

　工学では，扱うべき対象の相互理解のために，その対象を単純化し説明しやすくする。これが「モデル化」である。機械工学では機械を，流体工学では流体を，電気回路学では電気

回路を，制御工学では制御対象をモデル化し，最終的に物理学の知見を借りて数式で表現する。数式で表現できれば，理想的には，実物がない状態で対象の動態を予測することができる。計算を行うために，（工業）数学を学び，コンピュータが普及するにつれプログラム言語を修得することもなされてきた。さらに，近年では，計算ツールに精通させる場合もある。

　大学における工学教育は，ものづくりにおいて必要となる各要素の知識・技能，それら関連性と流れも含めて伝えるべきであるが，特に関連性と流れを体系的伝えることはつねに課題となり，カリキュラムマップ，科目のナンバリングは，工学教育において，その一つの解である。さらにいうならば，企画力を培う実効的な教育プログラムをつくることは容易ではない。大学においては，先達が優れた研究テーマ，研究姿勢を示すことが一つの教育方法である。したがって，指導教員の研究に対する姿勢は，真の技術者教育を行ううえで，重要な要素になると考えられる。

1.2.1　モデルを使ったものづくり

　モデルを使ったものづくり（開発）は，先の説明からは，省力化や高効率化に役立つと解釈できるが，突き詰めれば，つくり上げた「もの」の品質を維持することに帰着される。本書においては MBD を扱うが，同じくモデルを用いた開発手法に，**MDD**（Model Drive Development：モデル駆動開発）がある。MBD の意図と役割を明確にするために，少し MDD にも触れておきたい。MDD は「めざす機能を実現する」ための開発手法といえ，実現したい機能を分析（要求分析）し，それに必要な要素（部品）を抽出し，それらの相互のつながり（構造）を作る。さらに，要素の時間的な動作（ふるまい）関係を作る。これは，おもにソフトウェア開発において行われ，これらの三つの要素，「機能」「構造」「ふるまい」を併わせたものがソフトウェアの設計図となり，「モデル」と呼称される。この設計図の表現手法としてよく知られているのが，UML（Unified Modeling Language：統一モデル言語）である。これらは，その名のとおり，もともと「機能」「構造」「ふるまい」のそれぞれを，ソフトウェアエンジニアが独自に表現していたものを整理し統一したもので，「機能」を表現する代表的なものとしてユースケース図（Use Case Diagram），「構造」を表現するものとしてオブジェクト図（Object Diagram），クラス図（Class Diagram），さらに，「ふるまい」を示すものとして，シーケンス図（Sequence Diagram），アクティビティ図（Activity Diagram）などがある。特にソフトウェアの場合，可視化することにより複数人でのレヴューが可能となり，さらには，実装前の検証になる。したがって，同じく，省力化，効率化，さらには品質向上につながることになる。例を挙げて説明してみよう。これから，ある装置に「黒い線に沿って自律走行」することを行わせるとする。すなわち「ライントレーサ」を開発する。このとき，まず，この要求に必要な機能を分解し，それを実現するための部品群を挙げる。部品群は，床

の反射光を検出する光センサ，駆動するためのモータなどハードウェアだけでなく，「明るさ
を定量化する」「条件を判断する」「モータを動かす」など，ソフトウェアに行わせたい処理も
含まれる。加えて，これらの要素がなにを情報として出し，逆になにを情報として欲し，そ
れを満たすために各要素がどのように連結しなければならないかを示し，さらに，どのタイ
ミングで情報をやり取りするかを示す。これらの事柄を統一表現で示すことができれば，実
際にプログラムを実装をする前に，不具合を発見することや，さらなる最適化を提案するこ
とも可能となる。同じく，前もっての検証ができるのである。一方で，MBD は「めざす性
能を実現する」ための手法といえる。これについても，ライントレーサの開発を例に説明す
るとつぎのようになろう。MDD によって，機能実現の構造とふるまいは完成することにな
る。しかし，この状態では最適な性能を有しているという保証はない。例えば，「条件を判断
する」「モータを動かす」という機能の最適化が図れる可能性がある。つまり，制御プログラ
ムの最適化であり，具体的には制御パラメータの最適化である。このとき，制御対象を単純
化し，最終的に数式で表現し，このモデルを対象として制御パラメータの最適化，すなわち，
モデルを用いた検証を進める必要がある。

1.2.2　これからの工学教育

　先に述べたように，大学工学部の教育はすでに古くから「モデルベース開発」を前提になされ
ている。しかしながら，残念ながらいまのところ，それを意識させるカリキュラム構成になっ
ているとはいいがたい。理想的には，モデルを用いたこれからのものづくりが体感できるカリ
キュラム構成になるべきであろう。一方で，教育機関以外の研修などで，カリキュラムが整備
されているケースがある。MBD については，自動車業界の開発手法の主流になることに伴い，
種々の技術研修が整備，実施されている。また，先に紹介した MDD については，組込みシス
テム技術協会（JASA）が主催する「ET ソフトウェアデザインロボットコンテスト」（通称，
ET ロボコン）がある。このロボコンは，レゴ マインドストーム（LEGO@MINDSTORMS）
をベースとした，ワンメイクのロボットを用いて，走行性能を競うものであるが，ユニーク
なところは，ロボットの本体に実装する制御プログラムの設計図，すなわち「モデル」が大き
な割合で評価されるところにある。各チームは競技会に臨む前に，事前にモデルを提出し評
価を受けるが，モデルの作成の経験がない参加者がいることを大前提にし，モデル提出まで
の期間に定期的に技術教育会を実施する。その結果，参加者は，学生（大学，高専），若手エ
ンジニアが主体であるにもかかわらず，開発を前提にした教育でないと難解である MDD の
知識，技能の基本を徐々に身につけている。ET ロボコンの事例を考えると，競技会に出場
するロボットを開発するという具体的な目的があることで，MDD の知識と技能を学ぶこと が
できている。したがって，同じくモデルを用いる開発手法である MBD についても，同様の

仕組みをもつ，すなわち，競技会をインセンティブにした実物を開発する教育が効果的であるといえる。

　一方，ロボットを用いた競技会の一つに「ロボカップ」がある。このロボット競技会は世界大会まで行われる非常に大きな大会である（2017 年は名古屋で世界大会が開催）。この大会の下部大会として，19 歳以下を対象にしたロボカップジュニアがあり，この大会も世界大会まである。この大会は，すべて自作の自律ロボットを用いて競技し，サッカー，レスキュー，さらには，ダンスの 3 部門からなり，子どもたちの希望（直感）により，参加部門を選ぶことができる。19 歳以下の出場者であるが，その中には小学校低学年の児童も相当数含まれる。彼らにとって，ロボットを自作し，さらに，自律のためのプログラムを作るというのは一見してハードルが高い。しかしながら，じつにユニークで高性能なロボットを仕上げてくる参加者が多いことに驚かされる。興味をもち続ける子どもの特徴は，競技会での好成績をインセンティブにし，トライアルを繰り返すこと，さらに，開発手法を含めて他の参加者との情報交換を積極的に行うことで，論理思考に徐々に慣れていることである。この大会の全国大会であるジャパンオープン大会（2017 年は岐阜県中津川市で開催）では，出場チームのコンセプトシートやモデルが掲示され，思考が整理されたうえで，ロボットを開発していることを目のあたりにする。教育機関における効果的な工学教育を行ううえで，これらロボット競技会の手法は大いに参考になるのではないだろうか。MBD を教育するにあたり，その本質を理解していないと，ややもすると，開発ツールのリテラシー教育のようになる恐れがある。もし仮に，計算が不得手であったり，プログラムができなかったり，あるいは，ツールが使いこなせなくても，モデルの意図するところ，モデルを用いた開発の大局を知ることは有意なことだと考える。もちろん，個々の要素の知識，技能も疎かにできないのはいうまでもない。このことを受けて，最後に宮本武蔵の五輪の書の「風の巻 三」の一節を紹介する。

> 　観見二つの見様，観の目強くして，敵の心を見，其の場の位を見，大に目を付て，其戦の景気を見，そのをり節の強弱を見て，勝事を得事，専也。大小の兵法におゐて，ちいさく目を付る事なし。前にも記するごとく，こまかにちいさく目を付るによつて大きなる事をとりわすれ，目まよふ心出て，たしかなる勝をぬかすもの也。

　開発手法が発達し，それを実施できる優れたツールが運用できるようになってきた現在，正に心得ておくべきことかもしれない。

2 MATLAB/Simulink による モデル構築

　2 章では，モデルベース開発に必要なツール（ソフトウェア）の操作方法を簡単な実習を通じて学習しよう。2.1 節では，本書で用いるソフトウェア MATLAB/Simulink[†1]を紹介する。2.2 節では，sin 波形を任意の倍率で増幅し出力するシステムを MATLAB/Simulink で実現し，その結果を確認する。2.3 節では，より発展的な MATLAB/Simulink の操作方法をいくつか取りあげて簡単に説明する。2.4 節では，Toolbox を用いた Simulink の発展的な使い方として，状態遷移を含むモデルを記述するのに有用な Stateflow Toolbox の使用方法について説明する。本章以降で提示する MATLAB のソースコードや Simulink モデルは URL[†2]において公開されているので参照されたい。

　2 章で紹介するシステムモデル作成の流れは，3 章以降でも同様なのでしっかりと習得していただきたい。ただし，2.4 節の Stateflow の基礎については，やや高度な内容が含まれており，本書のモデルベース開発演習においては必須ではないので，操作に慣れない間は読み飛ばしていただきたい。

2.1　MATLAB/Simulink の準備

　モデルベース開発では，モデルの構築と実行のために専用のソフトウェアを使用する。本書では，産業界や教育界において幅広く用いられている Mathworks 社製の MATLAB と Simulink を使用する。MATLAB は行列計算，データの可視化，アルゴリズム開発などを行うことのできる数値計算ソフトウェアである。Simulink はシステムの時系列シミュレーションをブロック線図を用いて行うことができるソフトウェアである。また，Toolbox と呼ばれる追加のパッケージを購入することで，複雑な演算を容易に行うことができる。近年では，個人の所有する PC への導入も容易になっている。ライセンスにおける規約を十分に理解し，

表 2.1　MATLAB/Simulink バージョン一覧

ソフトウェア	バージョン	実習で使用する章
MATLAB R2022a	Update 5	2〜5 章
Simulink	10.5	2〜5 章
Stateflow	10.6	2，5 章

[†1]　マトラボ，シミュリンクと読む。MATLAB/Simulink は Mathworks 社の登録商標です（本書では®は省略）。

[†2]　https://www.coronasha.co.jp/np/isbn/9784339046830/

適切なライセンス契約形態でソフトウェアの導入を行う必要がある。本書では**表 2.1** のソフトウェアを用いて実習を行う。

2.2　まずは動かしてみよう

例題として**図 2.1** のような動作を考えよう。

1. 信号発生器から任意の sin 波形を発生し，システムに入力する。
2. システムは入力された信号の振幅を K 倍（任意の倍率）に増幅し出力する。
3. システムの出力波形をモニタを用いて観測する。

ここで，システム（System）という言葉が出てきたが，本書では「単一あるいは複数の要素の組合せで構成された，なんらかの入出力機能をもつモノ」と考えよう。この例題の場合，システムの機能は「入力信号を K 倍に増幅し出力する」である。また，システムの構成要素は 1 要素（増幅要素）である†。MATLAB/Simulink を用いて図 2.1 の動作を実現してみよう。

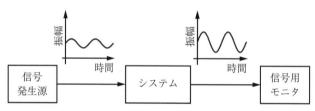

図 **2.1**　実現したいシミュレーション

2.2.1　フォルダの作成

任意の場所に実習用のファイルを保存するフォルダを作成する。本書では，MATLAB のデフォルトのフォルダパス「`C:\Users\ユーザ名\Documents\MATLAB`」に「Test」フォルダを作成する（**図 2.2**）。

2.2.2　Simulink の起動

以下の手順に従って Simulink を起動してみよう。

手順 1（図 2.3）

❶　デスクトップ上の MATLAB R2022a のアイコンをダブルクリックし，MATLAB を起動する。

---

†　例えば，増幅機能を電子回路で実現する場合，オペアンプや抵抗器などの電気部品（要素）が必要になる。しかし，今回のモデルでは「要素がどのような部品で構成されているか」ではなく，「要素がどのような機能をもっているか」に着目している。このように，システムの構成要素をモデリングする際には，要素をどのレベルの概念（粒度）でモデリングするかを考えなければならない。

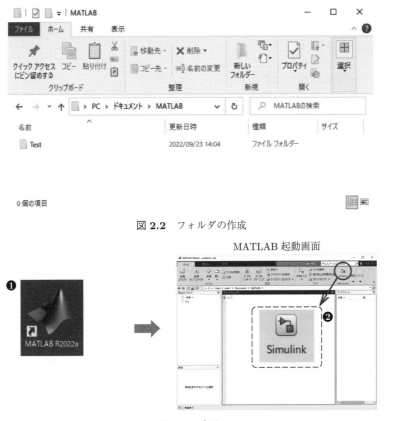

図 **2.2**　フォルダの作成

MATLAB 起動画面

図 **2.3**　手順 1

❷　MATLAB が起動したら，ホームタブ上にある Simulink ボタンをクリックし，Simulink を起動する。

手順 2（図 2.4）

❸　Simulink 起動直後の画面で，空のモデルを左クリックする。

Simulink 起動画面

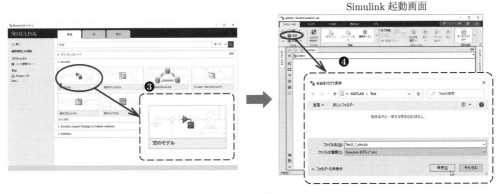

図 **2.4**　手順 2

❹ 空の Simulink モデルが起動したら，名前を付けて保存する（今回の例題では，ファイル名を「`Test2_1_sim.slx`」としている）。

2.2.3 ブロックの配置・結合とシミュレーション

下記の手順に従って「信号発生源」，「システム」，「信号モニタ」機能を有するブロックを配置しよう。各種機能をもつブロックはライブラリブラウザにまとめられている。

手順 3（図 2.5）

❺ Simulink 画面のライブラリブラウザを左クリックする。

❻ ブロックの一覧（ライブラリブラウザ左画面）から Sources[†1] を左クリックする。

❼ ブロック一覧から「Sine Wave」ブロックを左クリックして選択する。

❽ 右クリックでショートカットメニューを表示し，「モデル `Test2_1` にブロックを追加」を左クリックで選択する。

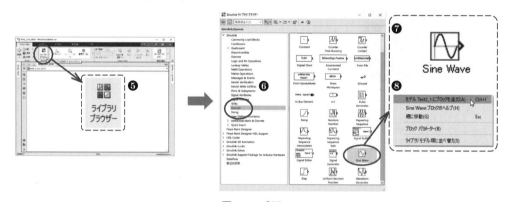

図 2.5   手順 3

手順 4（図 2.6）

❾ ブロックの一覧から「Commonly Used Blocks」を左クリックし選択する。

❿ 入力を指定した倍率で増幅する「Gain」ブロックを選択し，追加する。

⓫ 入力信号を時系列グラフとして表示する「Scope」ブロックを選択し，追加する。

手順 5（図 2.7）

⓬ 配置されたブロックをドラッグして任意の場所に配置する。ブロックの入力端（あるいは出力端）を左クリックしたままマウスカーソルを動かし，信号を結線する（ブロックの配置・結線の完了）。

⓭ 「Gain」ブロックをダブルクリックし，ブロックパラメータ[†2]のゲインを「2」に変更する。

[†1] （信号の）発生源を意味する。

[†2] 操作画面では「パラメーター」と表示されることもあるが，本書では「パラメータ」で統一する。

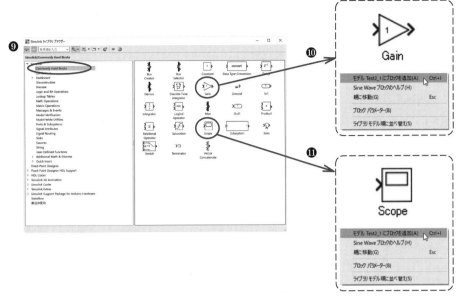

図 **2.6** 手順 4

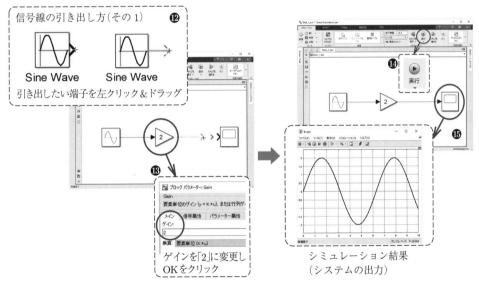

図 **2.7** 手順 5

⓮ スタートボタンを押し,シミュレーションを実行する。

⓯ Scope 画面をダブルクリックし,シミュレーション結果として,振幅が 2 の sin 波形が表示†されることを確認する。

---

† 図 2.7 では,Scope 画面の背景色や線の太さをデフォルトの設定から変更している。これらの設定については 2.3 節を参照のこと。

2.2.4　Scope ブロックの入力数を増やそう

前項では Scope の出力画面としてシステムからの出力のみを表示した。ここでは，入力信号もあわせて表示する方法を説明する。

Scope 画面の設定 1（図 2.8）

❶　Scope 画面の「コンフィギュレーションプロパティ（歯車マーク）」をクリックする。

❷　「メイン」タブにある入力端子の数を「2」に変更し，OK ボタンをクリックする。

❸　「Scope」ブロックの入力数が二つに変更されていることを確認する。

図 **2.8**　Scope 画面の設定 1

Scope 画面の設定 2（図 2.9）

❹　入力の信号線から右クリック & ドラッグで入力信号線を並列に引き出し，「Scope」ブロックの 2 番目の端子に結合する。

❺　スタートボタンをクリックしてシミュレーションを実行し，結果を「Scope」ブロックで確認する。

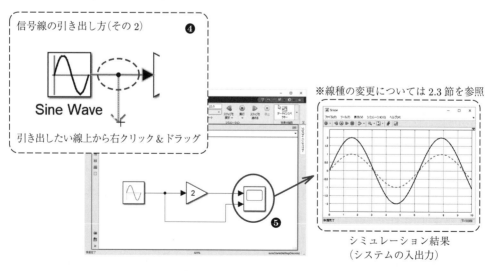

図 **2.9**　Scope 画面の設定 2

2.2.5　m ファイルと連携しよう

　これまでの操作から，Simulink 上でシステムを表現するブロック（「Gain」ブロック），入力信号ブロック（「Sine Wave」ブロック）および入出力信号観測用ブロック（「Scope」ブロック）を結合すれば，システムの時間的な振舞いをシミュレーションできることがわかる。システムには，その振舞いを特徴づけるパラメータ（**システムパラメータ**）が存在する。今回の例では，「Gain」ブロックの倍率がシステムパラメータである。また，入力信号（sin 波形）にも振幅や周波数などのパラメータがある。Simulink では，システムパラメータを含む各ブロックで設定可能なパラメータを**ブロックパラメータ**と呼び，各ブロックをダブルクリックし，数値をダイアログボックスに打ち込むことでパラメータを変更できる。しかし，システムが複雑になるほどパラメータの変更のたびにブロックをダブルクリックしていては非効率的である。以下では，MATLAB によるソースコード（m ファイル）を用いた Simulink のパラメータ設定方法について説明する。

　MATLAB によるパラメータの設定 1（図 2.10）　設定が変更される可能性のあるブロックパラメータを表 **2.2** のような変数にする。図 2.10 の❶〜❸のように，各パラメータを変数として定義する。なお，現時点では変数内に具体的な値が代入されていないため，図のよ

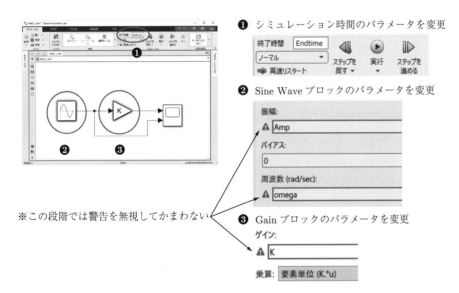

図 2.10　MATLAB によるパラメータの設定 1

表 2.2　設定ブロックパラメータ一覧

ブロック名	設定パラメータ	変数名
Sine Wave	振　幅	Amp
	周波数〔rad/s〕	omega
Gain	ゲイン	K

うに警告が出る場合があるが，後ほどm ファイルにて設定をするためそのままにしておいて構わない。また，❶に示すようにシミュレーション終了時間なども変数として定義できる。

MATLAB によるパラメータの設定 2（図 2.11）

❹　MATLAB の画面に切り替え，新規スクリプトをクリックする。このとき，図 2.11 のようにコマンドウィンドウのほかにワークスペースが表示されていることを確認する[†1]。ワークスペースについては 2.2.6 項を参照のこと。

※1　ワークスペースが表示されない場合

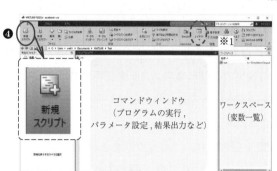

表示したい項目をチェック

図 **2.11**　MATLAB によるパラメータの設定 2

MATLAB によるパラメータの設定 3（図 2.12）

❺　タブが「エディター」に切り替わり，編集画面が表示される[†2]。

❻　ファイルに名前を付けて保存する（本書では，ファイル名を「Test2_1.m」とする）。ファイルを保存したら，m ファイルに**プログラム 2–1** のように記述する[†3]。

―――――― プログラム **2–1**（Test2_1.m）――――――

```
%テストプログラム(Test2_1.m)
clear      % ワークスペースからすべての変数を消去
close all % すべてのFigure を消去
clc        % コマンド ウィンドウのクリア

%システムパラメータ
```

[†1]　ワークスペースが表示されない場合は，レイアウトボタンをクリックして表示されるリストの中にある「ワークスペース」を左クリックしチェックを入れることで表示される（図 2.11 の右側 ※1 を参照）。ただし，ワークスペースの表示は必須ではない。

[†2]　編集画面が MATLAB のウィンドウとは別に表示される場合，編集画面のあるウィンドウ右上のボタンを左クリックし，「エディターをドックに入れる」を選択すると，MATLAB のウィンドウに統合される（図 **2.13** の ※2 を参照）。ただし，そのままでもプログラムの編集や実行は可能である。

[†3]　プログラム 2–1 に示すように，MATLAB 内での計算結果を変数として格納できる。例えば，「Sine Wave」ブロック内の周波数の単位は〔rad/s〕であるが，周波数を〔Hz〕で設定したい場合には MATLAB 内で新たな変数 F〔Hz〕を用意する。プログラムでは $\omega = 2\pi F$ の関係から，この計算結果を変数 omega に格納している。

```
K = 2;               % システムゲイン [-]
%入力
Amp = 1;             % 振幅 [-]
F = 2;               % 周波数 [Hz]
omega = 2*pi*F;      % 角周波数 [rad/s]

%シミュレーションの実行
Endtime = 1;                 % シミュレーション時間
filename = 'Test2_1_sim';    % Simulink ファイル名
open(filename)               % Simulink ファイルのオープン
sim(filename)                % Simulink の実行
```

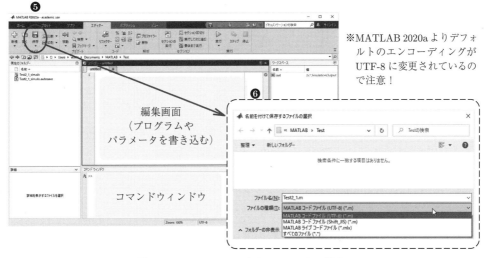

※MATLAB 2020a よりデフォルトのエンコーディングが UTF-8 に変更されているので注意！

図 2.12 MATLAB によるパラメータの設定 3

※2 編集画面が MATLAB と独立に起動する

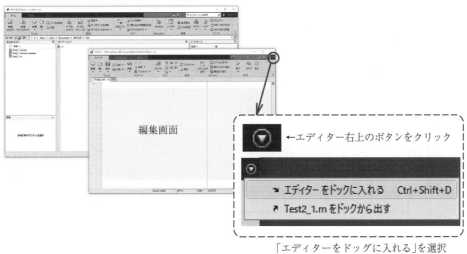

「エディターをドッグに入れる」を選択

図 2.13 よくあるトラブルと対処法

MATLAB 設定画面の設定 4（図 2.14）

❼ 「エディター」タブ内にある実行ボタンを押し，Simulink のウィンドウが表示されたら，「Scope」ブロックをダブルクリックして結果を確認する。

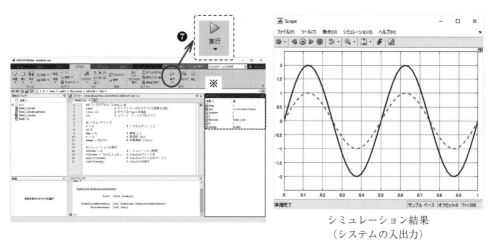

シミュレーション結果
（システムの入出力）

※実行時にワークスペースに値が展開される。

図 2.14　MATLAB 設定画面の設定 4

以上で，MATLAB/Simulink によるシミュレーションの一連の手順は終了である。

2.2.6　MATLAB/Simulink の実行の流れ

前項までで一連のシミュレーション手順を説明した。ここでは，MATLAB の実行ボタンを押してからシミュレーションが完了するまでの大まかな流れを図 2.15 を用いて説明する。

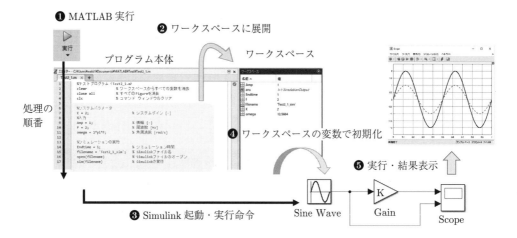

図 2.15　MATALB/Simulink の実行の流れ

❶ MATLAB の実行ボタンを押すと，プログラムが上から順次実行される[†1]。

❷ 「K = 2」のように「変数名 = 数値（または計算結果や文字列）」の命令[†2]が実行されると，**ワークスペース**と呼ばれるメモリ空間に変数と数値などが展開される。

❸ 最終行の「sim(filename)」が実行されると，変数 filename に格納された名前の Simulink のファイルが実行[†3]される。

❹ 呼び出された Simulink ファイルはワークスペースにアクセスし，ワークスペースに格納された変数を用いて，各ブロックやシミュレーション条件を初期化する。

❺ 初期化完了後，ただちにシミュレーションが実行され，Scope に実行結果が表示される。

つぎに，シミュレーションで用いた m ファイルの命令の役割とその動作を確認しよう。図 2.16 ではプログラムの役割別にハイライトを付けている。各パート別の役割を説明する。ただし，各パートの分類はあくまで参考であるので，正しく変数の設定ができれば読者のわかりやすいように記述しても構わない。

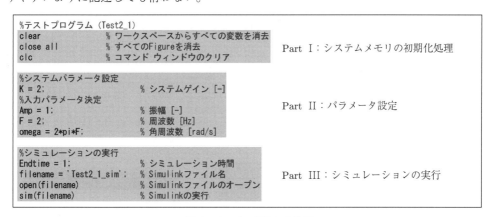

```
%テストプログラム (Test2_1)
clear              % ワークスペースからすべての変数を消去
close all          % すべてのFigureを消去         Part Ⅰ：システムメモリの初期化処理
clc                % コマンド ウィンドウのクリア

%システムパラメータ設定
K = 2;             % システムゲイン [-]
%入力パラメータ決定
Amp = 1;           % 振幅 [-]                     Part Ⅱ：パラメータ設定
F = 2;             % 周波数 [Hz]
omega = 2*pi*F;    % 角周波数 [rad/s]

%シミュレーションの実行
Endtime = 1;           % シミュレーション時間
filename = 'Test2_1_sim';  % Simulinkファイル名    Part Ⅲ：シミュレーションの実行
open(filename)         % Simulinkファイルのオープン
sim(filename)          % Simulinkの実行
```

図 2.16　プログラムの役割

Part Ⅰ：システムメモリの初期化処理　　過去のプログラムの実行によって残ったワークスペースの値や，図の初期化（消去）を行う。これにより，過去のデータや設定値が実行したいファイルに混入することを防ぎ，安全かつ確実にシミュレーションを行うことができる。初期化に関する関数は以下のとおりである。

---

clear 関数：ワークスペース上のすべての変数を消去する。

close 関数：close all と記述することですべての Figure 画面を消去する。

clc 関数：コマンドウィンドウを消去する。

[†1] このような実行形式をインタプリタ形式と呼ぶ。
[†2] プログラムにおいて「=」は，右辺の数字（または計算結果）を左辺の変数に代入することを表している。数式記号の等号とは異なるので注意すること。
[†3] 呼び出し元の m ファイルと同じ場所に Simulink ファイルが存在しなければならない。

Part II：パラメータ設定　各 Simulink ブロックの初期値を決定する。

Part III：シミュレーションの実行　シミュレーション時間など，シミュレーションの実行条件に関わる設定を行う。変数 filename に実行したい Simulink ファイル名を 'ファイル名.slx' の形式で格納する。シミュレーションに関する関数は以下のとおりである。

> **open 関数**：括弧内の名前（Simulink ファイル）のファイルを開く。
> **sim 関数**：括弧内の名前（Simulink ファイル）のファイルを実行する。

　本書におけるシミュレーションの流れは基本的にすべて同じなので，ここまでの内容をしっかりと理解してほしい。

2.3　こんなときは？——MATLAB/Simulink の機能を理解しよう——

本書で必要となる MATLAB/Simulink の機能やテクニックをいくつか紹介する。

2.3.1　予約語（MATLAB）

　プログラム言語の多くは，予約語と呼ばれるものがある。例えば，図 **2.17** に示すように，コマンドウィンドウ上で「pi」と打ち込み Enter キーを押すと「ans = 3.1416」と表示され

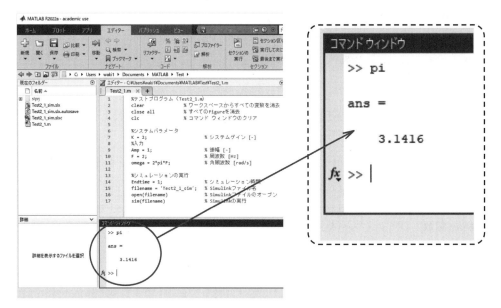

図 **2.17**　予約語の確認

る†。このように，どこにも宣言をしていない変数にもかかわらず値が格納されている pi は予約語である。pi の中身は上書きすることができる。つまり，コマンドウィンドウ上で「pi = 3」とすれば，ワークスペース上に pi が出現し，その値が 3 になっていることがわかる。ワークスペース上に「pi」が存在する間は，その値が優先される。そのため，元の予約語の値を用いたい場合は「clear pi」とコマンドウィンドウに打ち込み，ワークスペース上から上書きした「pi」を消去する。

2.3.2 Scope 画面のスタイル設定の変更（Simulink）

Scope 画面のデフォルトの設定は背景色が黒色で線が黄色となっているため，印刷などに

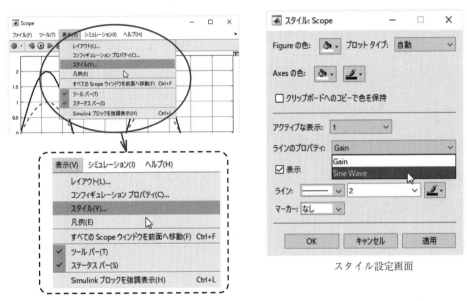

スタイル設定画面

図 2.18 スタイル設定画面

表 2.3 スタイル設定画面の設定項目一覧

設定項目	説　明
Figure の色	グラフの背景色を選択する。
プロットタイプ	計算値の補間方法（直線・ステップ）を選択する。
Axes の色	座標軸の背景色と文字色を選択する。
アクティブな表示	表示される図が複数ある場合，どの図を編集するかを選択する。
ラインのプロパティ	選択された図にラインが複数存在する場合，どのラインを編集するか選択する。
ライン	ラインの線種，太さ，色を選択する。
マーカー	計算値を指定したマーカーで表示する。

---

† 命令実行後，ワークスペース上に ans が追加されたことを確認してほしい。ワークスペースの ans をダブルクリックして表示される値をクリックすると，ans の中にはさらに詳細に円周率の値が格納されていることがわかる。

適さない場合がある。Scope 画面における背景色や線種を変更する場合は，メニューバーの表示タブにある，「スタイル」をクリックする（**図 2.18**）。各種設定について**表 2.3** にまとめている。

2.3.3 Scope 画面のコンフィギュレーションプロパティの変更（Simulink）

グラフの表示方法についても設定が可能である。これらの変更はコンフィギュレーションプロパティの設定を変更することで行う（**図 2.19**）。そのほかにも表示時間軸の設定や，座標軸の最大値・最小値の設定などがある。

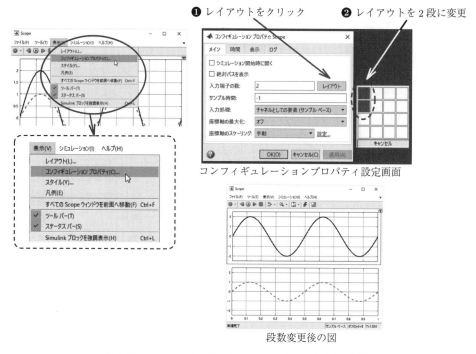

❶ レイアウトをクリック　　❷ レイアウトを 2 段に変更

コンフィギュレーションプロパティ設定画面

段数変更後の図

図 2.19　コンフィギュレーションプロパティ（画面の分割）

2.3.4 可変・固定ステップサイズの選択（Simulink）

2.2 節の例題において，m ファイル上の周波数を「F ＝ 2」から「F ＝ 8」に変更してみよう。このときのシステムの出力結果（実線＋マーカ）を**図 2.20**(a) に示す。結果から，8 Hz の sin 波形であることは想像がつくが，なめらかな曲線になっていない。これは，Simulink の計算に**可変ステップソルバー**†を用いていることに起因する。可変ステップソルバーでは，指定された許容誤差内に収まるようにステップサイズの増減を行うため計算精度を維持しな

---

†　コンピュータは原理的に連続時間での計算が不可能であるため，連続時間表現のブロックを使っても内部では必ずある時間間隔で離散化されている。離散化における時間間隔を Simulink ではステップサイズと呼ぶ。

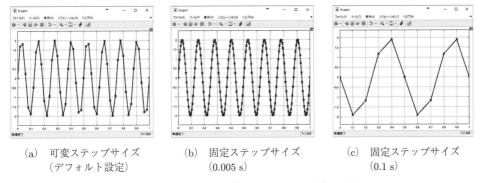

(a) 可変ステップサイズ　　　　　(b) 固定ステップサイズ　　　　(c) 固定ステップサイズ
　　（デフォルト設定）　　　　　　　　（0.005 s）　　　　　　　　　（0.1 s）

図 **2.20**　ステップサイズの選択による出力結果の違い

がら実行時間を短くすることができる。しかし，今回の例のようになめらかな曲線と異なる結果を得ることがあるので注意が必要である。このような場合，ソルバーの設定を**固定ステップソルバー**に変更することで解決できることがある。

図 **2.21** の手順に従ってソルバーを固定ステップソルバーに変更してみよう。ステップサイズの値による出力結果の違いを図 2.20 に示している。結果からわかるように，適切な固定ステップサイズを選択することで，図 (b) のようななめらかな結果が得られている。ただし，図 (c) のようにステップサイズを粗くとりすぎると，元の信号波形が復元されないので注意が必要である。通常，固定ステップサイズを用いる場合は，ステップサイズを小さく設定することが求められるが，図 (a) と図 (b) の比較からわかるように，ステップサイズが小さくなるほど単位時間当りの計算回数が増加するため，シミュレーションに要する時間が長くなることに注意する。また，3 章で示すように微分方程式で記述されるシステムのシミュレーションを行う際は，ソルバーオプションの「ソルバーの設定」（今回の例では自動に設定）が，

❶「モデルコンフィギュレーション
　　パラメーター」を選択　　　　　　❷「ソルバー」を選択

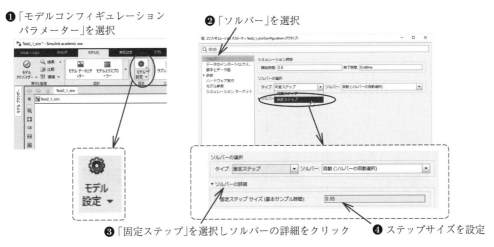

❸「固定ステップ」を選択しソルバーの詳細をクリック　　❹ ステップサイズを設定

図 **2.21**　ソルバーの設定

演算結果や実行時間に大きく影響する場合がある。これらのソルバーの特徴や選択方法については参考文献[1][†]などを参照されたい。

2.4　Stateflow の基礎

2.4.1　Stateflow

　自動車には多数のコントローラが含まれており，それらが適当に切り替えられて高度な制御がなされている。まず，問題を単純にとらえて，アイドリング時，加速時，減速時を考えると，それぞれの制御対象も制御器の特性も異なることに気づくであろう。これらのように動作状態に応じて異なる特性を一つのコントローラで対応することは非常に困難である。一方，動作状態ごとに異なるコントローラを準備することは簡単である。また，これらの動作状態がアクセルペダルやブレーキペダルの操作，あるいは，自動車本体の移動速度で移り変わっていく（遷移する）ことに注目し，コントローラを切り替えて適用することで，自動車の制御はより容易となることが期待できる。さらに，各動作状態と遷移の条件をグラフィカルに表現することで，システム全体の理解が容易となる。

　例えば，上述の自動車では図 **2.22** のようになる。まず，アイドリング動作にある自動車はアクセルペダルを踏むことで加速動作に遷移する。すなわち，自動車はアイドリング動作にあるときにアクセルペダルを踏むという条件が成立すると，加速動作に遷移する。踏まれたことは条件が成立したことを意味している。加速動作においては，ブレーキペダルを踏むことで減速動作となる。減速動作時にアクセルペダルを踏むことで加速動作に遷移するが，その前に自動車が停止するとアイドリング動作に遷移する。このことから，複雑な動作が要求されるシステムも，動作状態を分類し，条件を検討し，グラフィカルに表現することでシステム全体の理解が容易となる。これにより，開発の精度を向上させることが期待できる。

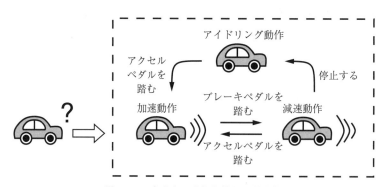

図 **2.22**　自動車の動作状態と遷移条件

[†]　肩付数字は巻末の引用・参考文献番号を示す。

このように，状態 (state) の遷移を表したものを **Stateflow**（ステートフロー）といい，これを図示したものが**状態遷移図**（Stateflow Chart）である。MATLAB/Simulink では Stateflow Toolbox を用いることで図 2.22 は図 **2.23** として描くことができる。なお，以下では動作状態のことを単に状態と呼ぶこととする。

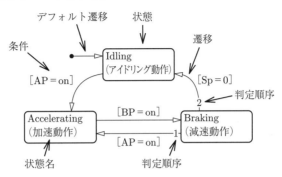

図 2.23　状態遷移図の意味

状態は角の丸い長方形で表し，それぞれに固有の状態名を付ける。最初の状態は，デフォルト遷移が示す状態である。状態の遷移先は遷移として示されている。条件は [条件式] で示され，この条件が成立する（条件式が真となる）と状態が遷移する[†1]。ある状態から複数の遷移があるときは，判定順序に従って順に評価される。

図 2.23 には，「Idling（アイドリング動作）」，「Accelerating（加速動作）」，「Braking（減速動作）」の三つの状態を示している。Idling から始まった遷移は，AP が on となると Accelerating に遷移する。Accelerating では BP が on になると，Breaking に遷移する。Braking では AP が on となると，Accelerating に遷移するが，そうでないときに Sp が 0 となり，Idling に遷移することを示している。

2.4.2　チャートの読み方

Simulink では，Stateflow を図 **2.24** のような**チャート**（**Chart**）と呼ばれるブロックの一種として表現する。チャートは任意の数の入力ポートと出力ポートを持つことができ，名前を付けることができる[†2]。図に示すチャートは "Car" というチャート名で，"AP"，"BP"，

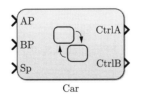

図 2.24　チャート

[†1]　遷移はこの条件以外にも，イベントや時相論理を使うこともできる。
[†2]　チャート名は半角英字のみを用いる。

"Sp" の 3 種類の入力を持ち，"CtrlA" と "CtrlB" という二つの出力を有している。この
チャート内に図 2.23 のような状態遷移図がある。

各状態で**図 2.25** のアクション（動作）が実行される。

StateName entry: entry_action; during: during_action; exit: exit_action;	アクション記号	アクション
	entry（en）	状態がアクティブになった時点で 1 度だけ実行される。
	during（du）	状態がアクティブな間，繰り返し実行される。
	exit（ex）	状態がアクティブになり，つぎの遷移に移る前に 1 度だけ実行される。

図 **2.25**   状態とアクション

状態が遷移すると，まずステートアクションのうち entry アクションが 1 度だけ実行され，
その後 during アクションが繰り返し実行され，この状態からつぎの状態に遷移するときに
exit アクションが 1 度だけ実行される。アクション記号の entry は en，during は du，exit
は ex と省略した表記を用いることもできる。アクション記号とアクションはコロン（:）で
区切り，アクションがないときは省略できる。すべてのアクション記号を省略してアクショ
ンのみを記述すると entry アクションとみなされる。

Simulink モデルが連続時間系であっても，チャートは離散時間系として評価される。その
ため，実行タイミングに留意する必要がある。

2.4.3   チャートの動作実験

ここでは，**図 2.26** に示す Simulink モデルを用いて，チャートと状態の各アクションがど
のタイミングで実行されるか確認する。

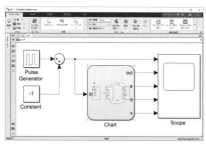

(a)   Simulink モデル   (b)   状態遷移図

図 **2.26**   Stateflow を含む Simulink モデル

〔1〕   チャートの作成   まず，図 2.26(a) を作成しよう。

手順 1（図 2.27）   まず，ブロックを配置する。

❶   Simulink の新規作成で空のモデルを開く。

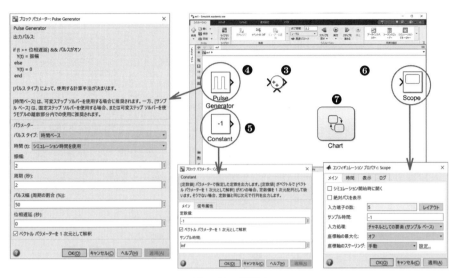

図 **2.27**　手順 1

❷　モデルに適当な名前を付けて保存する。

❸　Commonly Used Block から「Sum」を追加する。

❹　Sources から「Pulse Generator」を追加する。ダブルクリックして開き，振幅を「2」，周期を「2」，パルス幅を「50」に設定する。

❺　Sources から「Constant」を追加する。ダブルクリックして開き，定数値を「−1」に設定する。

❻　Sink から「Scope」を追加する。ダブルクリックして開き，「ファイル」→「入力端子の数」→「詳細」と進み，「入力端子の数」を「5」とする。

❼　Stateflow から「Chart」を追加する。

手順 2（図 2.28）　つぎに，チャートの入力ポートと出力ポートを作る。

❽　チャートへの入力を作成する。
チャートを開き，開いたウインドウ上でマウスの右ボタンから「入力と出力を追加」→「Simulink からのデータ入力」を選択し，「名前」を in とし「OK」を押す。

❾　チャートからの出力を作成する。
「入力と出力を追加」→「Simulink へのデータ出力」を選び，「名前」を out とし「OK」を押す。同様に，e, d, x を作成する。

❿　Simulink モデルに戻り，図 2.26(a) のように結線する。

手順 3（図 2.29）　つぎに，状態遷移図（図 2.26(b)）を作る。

⓫　ステート（状態）を配置する。左のオブジェクトパレットから，ステート（状態）を貼り付ける。最初の状態には，デフォルト遷移が自動的に追加される。

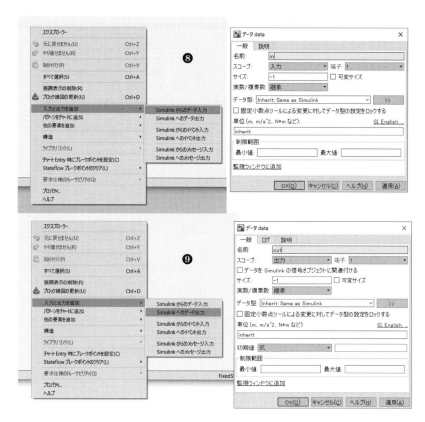

図 2.28　手順 2

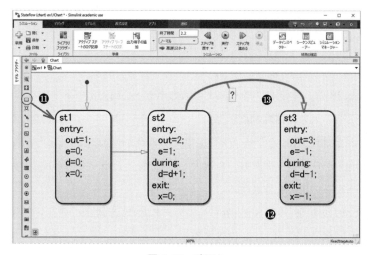

図 2.29　手順 3

❷　状態の内訳を記述する。状態内の「?」をクリックし，図のように状態にアクションを
記述する。状態の枠のサイズは自動調整されないので，状態をクリックしたときに現
れる 4 隅のマークを適当にドラッグしてサイズを調整する。

⓭   遷移を記述する。状態をマウスで左クリックし，その枠からマウスの左ボタンのドラッ
　　グで遷移を引き出してつぎの状態に接続する。遷移が記述されると，その上側でカー
　　ソルが点滅するので，条件を記入する。あるいは，遷移を左クリックすると四角で囲ま
　　れた「?」が出てくるので，これをクリックして条件を明示する。

⓮   図 2.26(b) を完成させる。

手順 4（**図 2.30**）　　つぎに，シミュレーションの設定を行う。

　ここでは，動作がわかりやすいように，動作の周期を 0.1 秒とし 2.2 秒間のシミュレーショ
ンを行う。

⓯   「モデル化」→「モデル設定」→「コンフィギュレーションパラメーター」を開き，「終
　　了時間」を 2.2，「ソルバーオプション」の「タイプ」を固定ステップ，「追加オプショ
　　ン」を開き，「固定ステップサイズ（基本サンプル時間）」を 0.1 とする。

図 **2.30**　手順 4

〔**2**〕　**動作タイミングの検証**　　図 2.26 のモデルを実行し，つぎの点に注意して動作を確
認する。

・　デフォルト遷移からの遷移には注意を要する。

・　状態が遷移したタイミングでは，entry だけが処理されて during は処理されない。

・　状態が遷移する直前の exit と遷移直後の entry は同時に処理される。

　このモデルを実行すると，Scope より **図 2.31** の実行結果が得られる。

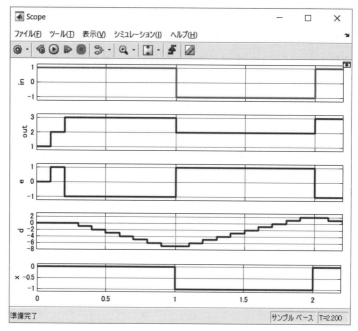

図 **2.31** 実 行 結 果

Scope のグラフは，上から順に，チャートへの入力信号 (in)，状態の番号 (out の値)，entry が実行されたときに変化する変数 (e)，during が実行されたときに変化する変数 (d)，exit が実行されたときに変化する変数 (x) の変化を表している。

グラフの横軸に示す経過時間に沿って動作を見てみよう。

0.0 秒：out=1 であることから状態は st1 にあり，e，d，x はすべて 0 となる。

0.1 秒：out=2 であることから状態は st2 に遷移しており，0<in であるにも関わらず st=3 でないことから，まだ条件が評価されていないので，無条件に st2 に遷移していることがわかる。さらに e=1 であり，st2 の entry が処理されたことがわかる。

0.2 秒：out=3 であることから状態は st3 に遷移していることがわかる。これは，条件 0<in が真となり，遷移が起こったことがわかる。このとき，x=1 となっていることから，st2 の exit が処理されたこと，e=−1 となっていることから st3 の entry が処理されたことがわかる。

0.3 秒：ここで d=−1 となり，st3 の during が処理されたことがわかる。この後 0.9 秒まで，d が −1 ずつ変化していることから，st3 の during が繰り返し実行されていることがわかる。

1.0 秒：ここで in=−1 に変化する。out=2 となっていることから，in<0 の条件が真となり，状態が st3 から st2 に遷移していることが確認できる。このとき，st3 の exit

が処理されて x=−1 に，st2 の entry が処理されて e=1 になっていることがわかる。このとき，d に変化はなく，st2 と st3 の during はともに処理されていないことがわかる。

1.1 秒：ここで d が 1 変化し，st2 の during が処理されていることがわかる。これは 1.9 秒まで繰り返される。

2.0 秒：ここで in=1 に変化し，out=3 となっていることから，0<in の条件が真となり，状態が st2 から st3 に遷移していることが確認できる。このとき，st2 の exit が処理されて x=1 に，st3 の entry が処理されて e=−1 になっていることがわかる。このとき，d に変化はなく，st2 と st3 の during はともに処理されていないことがわかる。

2.1 秒：ここで d が −1 変化し，st3 の during が処理されていることがわかる。

章　末　問　題

【1】　つぎの信号を発生させよ。

　(1)　$3\sin(\pi t) + 0.5\sin(5\pi t)$

　(2)　$2\cos(\pi t)$

　(3)　平均 0，分散 2 のガウス性のランダム信号

【2】　図 2.32 のような Simulink モデルを作成せよ。このときソルバータイプは固定とし，ステップサイズは 10 ms とする。Chart の出力にある cnt は sw が 1 となった回数である。さらに，cnt が 1 以上，かつ，sw = 1 のとき out = in とし，それ以外のときは out = 0 とする。

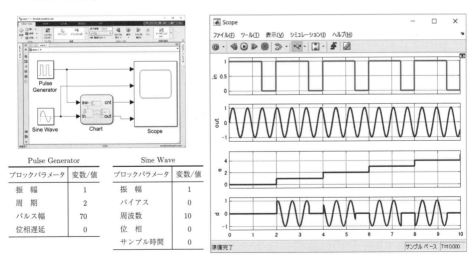

Pulse Generator	
ブロックパラメータ	変数/値
振　幅	1
周　期	2
パルス幅	70
位相遅延	0

Sine Wave	
ブロックパラメータ	変数/値
振　幅	1
バイアス	0
周波数	10
位　相	0
サンプル時間	0

図 2.32　Simulink モデルと出力波形

3 物理モデリングと解析の基礎

　3章では，モデルベース開発で重要となる，微分方程式を用いた物理モデリングとその
シミュレーションについて演習を行う。3.1節では，モデリングとはなにか？，モデル化を
するときに考慮するべきことはなにか？　について概説する。3.2節では，モデリングのた
めの基礎知識として，微分・積分と物理現象との関連性や，コンピュータで微分・積分を
行う基本原理についても学習する。3.3節では，微分方程式の導出から Simulink を用いた
シミュレーション方法について「液位プロセスモデル」と「RLC回路モデル」を例に説明
する。3.4節では，システムモデルの設計で重要となる平衡点の考え方と，平衡点を考慮し
たモデリング手法について説明する。3.5節では，ラプラス変換について学習する。ここで
は，おもに，微分方程式をラプラス変換して得られる伝達関数とパラメータの物理的な意
味について説明する。3.6節では，一通りのモデリング手法を学習した読者が，実際にモ
デリングを行う際に身に着けておくと便利な考え方である，アナロジーや非線形システム
の線形化手法について簡単に紹介する。モデルベース開発では，対象とする物理現象を数
理モデルとして記述することが不可欠である。複雑なシステムの中には，本書で紹介する
物理法則をもつサブシステムの連結で記述できるものも少なくない。本章での学習を通し
て，微分方程式の立式に伴う考え方，方法をしっかりと習得されたい。

3.1　モデリングの基礎

3.1.1　モデルとモデル化誤差

　対象とするシステムを解析，評価，あるいは制御したいときに必要となるのが**モデル（Model）**
である。このモデルを構築することを**モデリング**あるいは**モデル化**という。モデルの多くは，
数学的に記述されることが多い。モデリングする際に最も重要なことは，モデリングする目
的によって，構築するモデルが異なることである。

　例えば，シミュレーションや評価を目的とする場合，モデルはシステムを忠実に表現する
ものでなければならない。対象とするシステムを詳細に記述するという意味で，本書では，
このモデルを**詳細モデル**という。このとき，実在するシステムは，非線形系であったり，高
次系であったり，あるいは分布定数系であることが多いので，システムの挙動を正確に表現
しようとすると，おのずと詳細モデルは複雑になってしまう。一方で，対象とするシステム
を例えば制御することを目的とすると，詳細モデルでは複雑になりすぎて，容易に制御系を

設計する（コントローラを設計する）ことができない。このような状況では，複雑なモデルより設計しやすいモデルが必要となる。そのために，本質的なシステムの特徴を保存しながら，システムを簡易的に記述することを考えなければならない。具体的には，非線形系は線形化を，高次系は低次元化を，さらには分布定数系は集中定数化するなど簡略化（近似）することになる。このようなモデルを本書では**簡略化モデル**と呼ぶ。このように，目的に応じて構築されるモデルが異なってくることに注意されたい。

　対象とするシステムを詳細モデルとして記述する際や，詳細モデルを簡略化して簡略化モデルを構築する際には，**モデル化誤差**が生じることを忘れてはならない（**図3.1**）。詳細モデルは，このモデル化誤差が可能な限り小さくなるように構築される。一方で，簡略化することで構築される設計用モデルは，モデル化誤差が多少大きくなってしまう。モデルの簡略化とモデル化誤差の間にはトレードオフが存在する。すなわち，設計のために可能な限りモデルを簡略化するとモデル化誤差は大きくなり，モデル化誤差を小さくしようとするとモデルが複雑になってしまう。いずれにしても，モデリングの際にはモデル化誤差が付きものであるので，モデル化誤差の統計的諸性質（例えば，モデル化誤差の平均や分散）くらいは把握しておく必要がある。平均がゼロに近ければ近いほど，そのモデルの正確性は高く，分散が小さければ小さいほど，モデルの一致性が高いことになる。このとき，シミュレーションを通した評価や制御系設計の際にモデル化誤差が十分に考慮されることが望ましい。

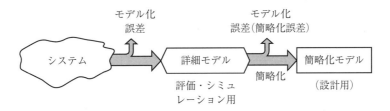

図 3.1　モデルとモデル化誤差

3.1.2　ホワイトボックスモデリングとブラックボックスモデリング

　モデリングする際，重要となるのがモデルの構造をどのように決定するか，また構造が決まっても，モデルに含まれる複数のパラメータ（機能）をどう決定するかということである。すなわち，モデルの構造と機能の決定がモデルの良し悪しを決定することになる。ところで，運動方程式や回路方程式，あるいは物質収支や熱収支などに基づく方程式など，自然界の物理現象を記述する多くの方程式が与えられている。このような方程式を利用して構築するモデルを物理モデルという。この物理モデルの構造は物理現象に基づいて決定される。また，対象に含まれる物理パラメータがあらかじめわかっていれば，モデルの機能も同時に決定され，

対象とするシステムの振舞いを忠実に再現できるモデルが構築される。このように構造も機能もすべて既知であることから，このモデリングを**ホワイトボックスモデリング**と呼ぶ。

ところが，世の中には上述のように比較的簡単にモデリングできるケースはそれほど多くなく，① 構造も機能もまったくわからない場合や，② 構造はわかるが，物理パラメータ（機能）の一部がわからない場合がほとんどである。① のケースでは，実験データからあらかじめモデルの構造を特定し，そのうえでモデルに含まれるパラメータを，同じく実験データを用いてシステム同定法により算出することでモデル（統計モデル）を構築する。言い換えれば，実験データによりシステムの入出力関係の合わせ込みを行う手段がとられる。この場合，対象とするシステムの構造も機能も未知であるということで，このモデリングを**ブラックボックスモデリング**と呼ぶ。一方，② のケースでも，わからないパラメータはシステム同定法を用いて，実験データから算出するという手順をとる。このケースは，ホワイトボックスモデリングとブラックボックスモデリングの間に位置づけられることから，**グレーボックスモデリング**と呼ぶ。ただし，グレーの度合いは，場合によって異なる。

3.1.3　動的モデルと静的モデル

モデルには，**動的モデル（Dynamical Model）**と**静的モデル（Static Model）**がある。動的モデルはシステムの時間的振舞いを表現したものであり，静的モデルは時間の概念を除いたモデルである。この違いについて**図 3.2**を用いて説明しよう。

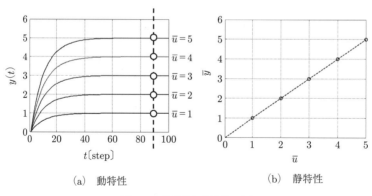

(a)　動特性　　　　　　　　　　(b)　静特性

図 3.2　動特性と静特性の例

例えば，ある一定の入力信号（$\bar{u}$）を何通りか与えたとき，図 (a) に示すような出力信号（$y(t)$）が得られたとする。出力信号は時間とともに変化しており，この変化している様子（**動特性**）を，微分方程式を用いて表現したものが動的モデルである。例えば，次式として与えられる。

$$y(t) + T\frac{dy(t)}{dt} = Ku(t) \tag{3.1}$$

ただし，T と K はこのシステムに含まれるパラメータである。

　一方で，入力信号と出力信号の最終値（定常値）の関係をプロットすると，図 (b) が得られたとする。このときの入出力関係は，時間が十分経過した，いわゆる定常状態での関係（**静特性**）である。この入出力関係を記述したものが**静的モデル**である。例えば，次式として与えられる。

$$\bar{y} = \alpha\bar{u} \tag{3.2}$$

　なお，図 (b) に示すように静特性が線形関係にあるとき，そのシステムは線形システムであるという。言い換えれば，静特性が線形関係にないシステムは非線形システムといえる。

3.2　微分方程式と数値積分

3.2.1　微 分 と 積 分

　微分とは，時間とともに値が変化する（時間）関数 $f(t)$ の，時刻 t における単位時間当りの変化量を算出する演算である[†]。一方，関数 $f(t)$ と時間軸が成す面積を，任意の時間区間 $[a,b]$ で算出する演算を積分（定積分）と呼ぶ（**図 3.3**）。

〔**1**〕**微　　分**　　時刻 t が τ_i から $\tau_{i+1} = \tau_i + \Delta\tau$ に変化したとき，関数 $f(t)$ の値が $f(\tau_i)$ から $f(\tau_{i+1})$ に変化したとすると，このときの関数 $f(\tau_i)$ の単位時間当りの変化量（変

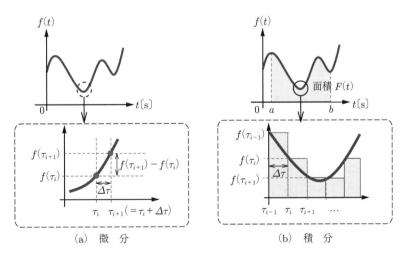

図 **3.3**　微分と積分

[†]　$f(t)$ を時間関数に限定する必要はないが，システム工学ではおもにシステムの物理量の時間変化に着目することが多いため，本書では時間関数のみを取り扱う。

化率) は次式のように表すことができる。

$$\frac{f(\tau_{i+1}) - f(\tau_i)}{(\tau_i + \Delta\tau) - \tau_i} = \frac{f(\tau_{i+1}) - f(\tau_i)}{\Delta\tau} \tag{3.3}$$

いま，$\Delta\tau$ が微小であるとすると，任意の時刻 $\tau = \tau_i$ における $f(\tau)$ の変化率は，以下のように記述できる。

$$\frac{df(\tau)}{d\tau} = \lim_{\Delta\tau \to 0} \frac{f(\tau_{i+1}) - f(\tau_i)}{\Delta\tau} \tag{3.4}$$

したがって，**微分**とは任意の時刻 τ における変化率を求める演算である。$f(\tau)$ を微分して得られた $df(\tau)/d\tau$ を**導関数**と呼ぶ。$\Delta\tau$ の極限は微小ではあるが 0 ではないので，微分には $\Delta\tau$ 秒先の未来の情報が含まれていると考えることもできる。

〔2〕**積　　分**　　ある関数 $f(t)$ が与えられたとき，任意の時間区間 $a \le t \le b$ において，$f(t)$ と x 軸（時間軸）に囲まれた領域の面積 S を求めることを考える。まず，時間区間が次式のように n 個の小区間に分割できるとする。

$$a = \tau_0 < \tau_1 < \tau_2 < \cdots < \tau_{n-1} < \tau_n = b \tag{3.5}$$

ここで，小区間の幅がどの領域でも一定 $\Delta\tau = \tau_{i+1} - \tau_i \ (i = 0, 1, 2, \cdots, n-1)$ と定める。改めて，n 個に分割された時間区間 $\tau_0 \le t \le \tau_n$ において各小区間で得られる長方形の面積を次式のように足し合わせることで，近似的に面積を得ることができる。

$$S \simeq \sum_{i=0}^{n-1} f(\tau_i)\Delta\tau \tag{3.6}$$

いま，$\Delta\tau$ が微小であるとすると，面積は正確に求めることができ，これを $f(t)$ の定積分と呼ぶ。

$$S = \int_a^b f(\tau)d\tau = \lim_{\Delta\tau \to 0} \sum_{i=0}^{n-1} f(\tau_i)\Delta\tau \tag{3.7}$$

次項でも示すように，システム工学では，基準時刻（例えばシミュレーションの開始時刻）を $a = 0$ とし，基準時刻から任意の時刻 $b = t$ までの累積和を求める場合が多い。この場合，基準時刻から時刻 t までの面積（累積和）を $S(t)$ とし

$$S(t) = \int_0^t f(\tau)d\tau = \lim_{\Delta\tau \to 0} \sum_{i=0}^{n-1} f(\tau_i)\Delta\tau \tag{3.8}$$

と表記することができる。このことから，**積分**は，基準時刻から現在までの情報 $f(\tau)$ を累積した結果であることがわかる。

3.2.2 システムモデリングと微分・積分操作の関係

時間的に出力が変化するシステムのモデリングについて考てみよう。例として，図 **3.4**(a) に示すような自動車の速度 $v(t)$ 〔m/s〕の時間変化のモデリングを考える。

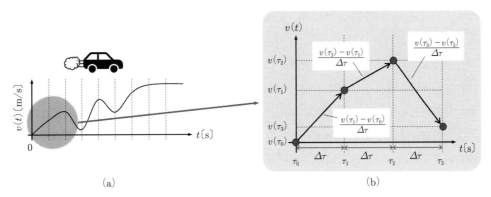

図 3.4 自動車の速度変化のモデリング

図 (b) のように速度が間隔 $\Delta\tau$ で変化するとし，各時刻を $\tau_0, \tau_1, \ldots$ と表記する。このとき，速度 $v(\tau_i)$ から $v(\tau_{i+1})$ の変化率は $\dfrac{v(\tau_{i+1}) - v(\tau_i)}{\Delta\tau}$ で表される。したがって，時刻 τ_0 から τ_1 において速度が $v(\tau_0)$ から $v(\tau_1)$ に変化するとき，次式が成立する。

$$v(\tau_1) = v(\tau_0) + \frac{v(\tau_1) - v(\tau_0)}{\Delta\tau}\Delta\tau \tag{3.9}$$

ここで，変化率 $\dfrac{v(\tau_{i+1}) - v(\tau_i)}{\Delta\tau}$ に $\Delta\tau$ を乗じて $\Delta\tau$ の区間で生じた速度の変化量を算出していることに注意する。つぎに，$v(\tau_1)$ から $v(\tau_2)$ への変化においても，式 (3.9) と同様に考えて

$$v(\tau_2) = v(\tau_1) + \frac{v(\tau_2) - v(\tau_1)}{\Delta\tau}\Delta\tau \tag{3.10}$$

が成立することがわかる。ここで，式 (3.9) の結果を用いると式 (3.10) は以下のように書き換えられる。

$$v(\tau_2) = v(\tau_0) + \frac{v(\tau_1) - v(\tau_0)}{\Delta\tau}\Delta\tau + \frac{v(\tau_2) - v(\tau_1)}{\Delta\tau}\Delta\tau \tag{3.11}$$

このことから，時刻 τ_n における速度のモデリングの基本式は

$$v(\tau_n) = v(\tau_{n-1}) + \frac{v(\tau_n) - v(\tau_{n-1})}{\Delta\tau}\Delta\tau \tag{3.12}$$

$$= v(0) + \sum_{i=0}^{n-1} \frac{v(\tau_{i+1}) - v(\tau_i)}{\Delta\tau}\Delta\tau \tag{3.13}$$

と書ける。このことから，自動車の速度 $v(\tau_n)$ はそのモデリングにおいて，式 (3.12) から「直前の速度 $v(\tau_{n-1})$ に現在の速度変化量を加える」あるいは，式 (3.13) から「初期状態 $v(0)$ から各時刻における速度変化量を総和する」ことで求められることがわかる。

また，$\Delta\tau$ が微小間隔であるとすると，式 (3.13) は

$$v(t) = \int_0^t \frac{dv(\tau)}{d\tau}d\tau \tag{3.14}$$

となり，システムのモデリングにおいて微分と積分の基本的な概念が重要な役割を果たしていることがわかる。

　以上の結果から，各時刻の変化量 $dv(\tau)/d\tau$ がわかれば，初期時刻から任意の時刻までのシステムの出力を知ることができる。そのため，モデリングにおいて最も重要なことは，「システムの変化量に関する法則（導関数）」を見つけることである。すでによく知られた物理現象の諸法則は，この導関数に対する数々の知見を与えてくれる。本書でモデルを構築するために必要となる諸法則を以下に取り上げる。

物理現象の諸法則
- ・ 機械工学分野
  - − 運動方程式（並進運動）， − 運動方程式（回転運動）
- ・ 電気工学分野
  - − キルヒホッフの法則
- ・ プロセス工学分野
  - − 質量保存の法則（物質収支）， − エネルギー保存の法則（熱収支）

　一般的に上記の法則から得られる物理方程式は，対象とする物理量の導関数と現時刻以前の情報による方程式（**微分方程式**）として記述される。また，微分方程式は，現象をとらえる立場の違いからつぎのように分類することができる。

---
① 入力信号と出力信号の不均衡（アンバランス）が物理量の時間変化に影響するという立場。つまり，立式の段階から物理量の微分方程式を得ようとしている。

② 入力信号と出力信号の総和が等しいという立場。立式の過程で出力信号の中に物理量の時間変化の項が含まれ，結果として微分方程式の形を得る。

　次節では，①の例として液位プロセスモデル（タンクシステム）の微分方程式を，②の例としてRLC回路の微分方程式を導出し，シミュレーションを行ってみよう。

3.3　物理モデリングに挑戦

「液位プロセスモデル」と「RLC回路モデル」の二つの例題について**物理モデリング**を行い，モデリングからシミュレーションまでの一連の流れを理解しよう。

ここから，いくつかの物理現象をモデリングするにあたり，あえて異なる物理パラメータに同じ記号を割りふっている。記号の意味に注意しながら読み進めてほしい。

3.3.1 液位プロセスモデル（タンクシステム）

図 3.5 のような**液位プロセスモデル**を考える。タンク高さ H〔m〕，断面積 C〔m^2〕の円筒形タンクに，ある時刻 t〔s〕において $q_1(t)$〔m^3/s〕の流量で水が流入するとする。また，タンクの下部には水の排出口があり，$q_2(t)$〔m^3/s〕の流量で流出する。時間によって変動する物理量（信号）を表 3.1 に，タンクのもつパラメータ（システムパラメータ）を表 3.2 に示す。上述していないシステムパラメータも含まれているが，Simulink モデルを構築する際に用いる。

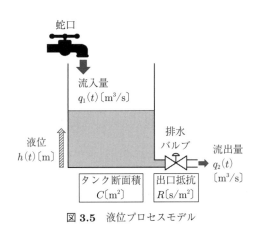

図 3.5 液位プロセスモデル

表 3.1 時間変動する物理量

物理量		単 位
流入流量	$q_1(t)$	m^3/s
流出流量	$q_2(t)$	m^3/s
液 位	$h(t)$	m

表 3.2 システムパラメータ

システムパラメータ		単 位
タンク直径	D	m
タンク断面積	C	m^2
出口抵抗	R	s/m^2

〔**1**〕 **液位プロセスモデルの目的**　モデルとは，ある入出力信号をもつシステムの機能を数式で表現したものと考えることができる。したがって，モデルを作る前に「なにを入力とするのか？」，「なにを出力とするのか？」をあらかじめ決定しておくほうが立式の見通しが立ちやすい。ここでは，流量 $q_1(t)$ に対する液面 $h(t)$ の時間変化の関係（**動特性**）を知りたいとしよう。図 3.6 にシミュレーションの全体像を示す。実際に $q_1(t)$（入力）と $h(t)$（出力）の関係を数式で表現してみよう。

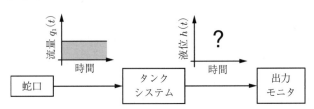

図 3.6 液位プロセスモデルのシミュレーションイメージ

〔**2**〕 **液位プロセスシステム（微分方程式の導出）**   流入流量 $q_1(t)$ と流出流量 $q_2(t)$ の単位に注目すると，単位時間当りに流入（あるいは流出する）水の体積を表していることがわかる。そのため，時刻 t において流入流量と流出流量に差が存在すると，タンク内の体積 V〔m^3〕には，$dV(t)/dt$〔m^3/s〕の変化量が生じる。したがって，タンク内の液体の単位時間当りの体積の変化量〔m^3/s〕と液体の流入流量〔m^3/s〕および流出流量〔m^3/s〕について次式の関係を得る[†1]。

> タンク内の液体の体積の変化量〔m^3/s〕＝流入流量〔m^3/s〕－流出流量〔m^3/s〕

上記の関係を式で表すと

$$\frac{dV(t)}{dt} = q_1(t) - q_2(t) \tag{3.15}$$

となる。式 (3.15) は物質収支式と呼ばれる。ここで，タンク内の液体の体積 $V(t)$ は $V(t) = Ch(t)$ と表すことができ，時刻 t における $V(t)$ の瞬間の変化率 $dV(t)/dt$ は次式のように記述できる。

$$\frac{dV(t)}{dt} = C\frac{dh(t)}{dt} \tag{3.16}$$

また，流出流量 $q_2(t)$ はタンクの液面高さ $h(t)$ に比例すると仮定することで次式を得る[†2]。

$$q_2(t) = \frac{1}{R}h(t) \tag{3.17}$$

ただし，R〔s/m^2〕は出口抵抗と呼ばれる定数である。式 (3.17) より，出口抵抗 R が大きいほど，流出流量 $q_2(t)$ は小さくなり，R が小さいほど $q_2(t)$ が大きくなることがわかる。式 (3.16) および式 (3.17) を式 (3.15) に代入すると次式を得る。

$$C\frac{dh(t)}{dt} = q_1(t) - \frac{1}{R}h(t) \tag{3.18}$$

式 (3.18) の両辺を C で除算すると次式が得られる。

$$\frac{dh(t)}{dt} = \frac{1}{C}\left\{q_1(t) - \frac{1}{R}h(t)\right\} \tag{3.19}$$

式 (3.19) は，現時刻の流入流量 $q_1(t)$ と液面高さ $h(t)$ の状態が $h(t)$ の瞬間の変化率を決定づけていることを示す。$h(t)$ と $q_1(t)$ の関係が微分方程式として得られたので，次節ではタンクのパラメータを用いてシステムの挙動をシミュレーションにより確認してみよう。

[†1] 本来は，$q_1(t)$ と $q_2(t)$ の平衡点を考慮して式を立てる必要がある。詳細は 3.4 節を参照のこと。
[†2] 液位プロセスシステムから導出される詳細モデル（非線形微分方程式）を，平衡点周りで線形化（近似）することにより，式 (3.17) の関係が得られる。詳細は 3.6.2 項を参照のこと。

〔**3**〕 **Simulink モデル（液位プロセスシステム）**　Simulink を起動して実際に式 (3.19) の機能をもつ液位プロセスモデルを実現しよう。

フォルダの作成　2.2.1 項で作成した Test フォルダに「**Test3_1**」フォルダを作成する。空の Simulink モデルを作成し，「**TankModel_sim.slx**」として保存する。

手順 1（図 3.7）　図中の (i) を実現しよう。括弧内は信号（入力流量）$q_1(t)$ と $h(t)$ に $1/R$ を乗じた信号の差になる。信号の定数倍には「Gain」ブロックが利用できる。現段階では $q_1(t)$ と $h(t)$ がどこからくるのか不明なので，フリーの信号線（破線）として残しておこう。このとき，信号線にラベルを付けておくと，あとでモデルの信号の流れが見やすくなる。

❶ ライブラリブラウザから「Gain」ブロックを選択・配置し，ブロックパラメータのゲインを「1/R」に設定する。

❷ ライブラリブラウザから「Sum」ブロックを選択し・配置し，ブロックパラメータの符号リストを「| + −」に設定する。

❸ 「Sum」ブロックの − 側に，「Gain」ブロックからの出力を結線する。＋ 側からはフリーの信号線を引き出す。

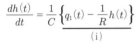

※1　フリーの信号線の引き方
端子を左クリックして左方向にドラッグ

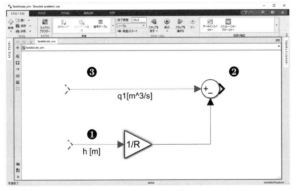

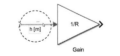
※2　信号線に信号名を付ける
信号線上をダブルクリックして信号名を入力

図 3.7　タンクシステムシミュレーション（手順 1）

手順 2（図 3.8）　図中の (ii) の計算を実現しよう。

❹ 「Gain」ブロックを新たに作成・配置し，ブロックパラメータのゲインを「$1/C$」に設定したのち，「Sum」ブロックの出力を，「Gain」の入力に結線する。「Gain」ブロックからの出力は式 (3.19) の関係から $dh(t)/dt$ を表しているので，出力線に「dh/dt」とラベルを付ける。

手順 3（図 3.9）　式 (3.19) において右辺の計算結果と $dh(t)/dt$ が等しいことから，「Gain」ブロック ($1/C$) からの出力値を積分することで，$h(t)$ を得られることがわかる（ただし，$h(t)$

$$\frac{dh(t)}{dt} = \frac{1}{\underset{\text{(ii)}}{C}} \left\{ q_1(t) - \frac{1}{R}h(t) \right\}$$

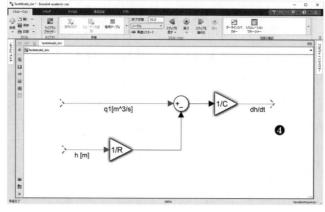

図 **3.8** タンクシステムシミュレーション（手順 2）

$$\frac{dh(t)}{dt} \xrightarrow{\text{(iii) 積分}} h(t) \qquad \text{※} h(t) \text{の初期値は } 0$$

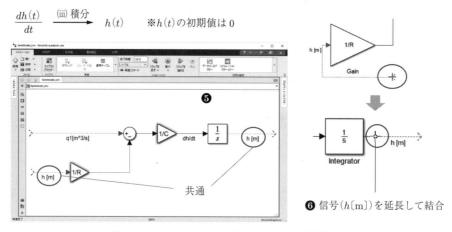

図 **3.9** タンクシステムシミュレーション（手順 3）

の初期値は 0 と仮定する）。

❺   ライブラリブラウザから「Integrator」ブロックを選択・配置する。「Gain」ブロック（1/C）からの出力を「Integrator」ブロックの入力に結線する。「Integrator」ブロックの出力信号のラベルを「h [m]」とする。

❻   「Gain」ブロック（1/R）の入力も $h(t)$ であることから，これらの二つの線を結合する。

  手順 4（図 3.10）   手順 3 により，入力が $q_1(t)$，出力が $h(t)$ となるシステムが完成した。システム中のブロックや要素がすべて表示されているとモデルが見づらくなるので，これらを入出力関係のみを示したサブシステムとして表現しよう。

❼   システムを構成するすべてのブロックと信号線を選択する。

❽   選択されたブロック上で右クリックし，ショートカットメニューから「選択からサブ

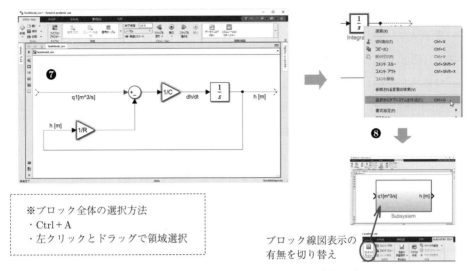

図 3.10　タンクシステムシミュレーション（手順 4）

システムを作成」を選択する。なお，このとき図中の「コンテンツプレビュー」ボタンによってサブシステムに表示されるブロック線図の表示の有無を切り替えることができる。

　手順 5（図 3.11）　　生成されたサブシステムモデルは入出力をもつタンクそのものを表している。ブロックにラベルを付けるとともに，入出力端子にもラベルを付けることでブロックの入出力関係を明確にする。その際，信号には必ず単位を明記するようにしよう。

❾　ブロック下のラベル（Subsystem）をダブルクリックし，サブシステムモデルのブロック名を変更する（例えば「Tank Model」）。

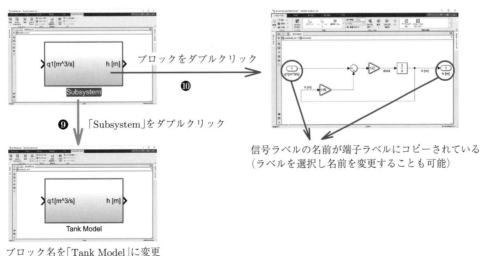

図 3.11　タンクシステムシミュレーション（手順 5）

❿　ブロックをダブルクリックして，サブブロック内部のモデル画面に切り替え，入出力
　　端子ブロック[†1]のラベルを必要に応じて変更する。

手順 6（図 3.12）　　液位プロセスモデルに対して入力信号（流量）を与え，その挙動を
Scope で確認できるようにする。例として，入力信号にステップ入力[†2]を与えるものとする。

⓫　Simulink モデル上部の Tank Model タブの下にある，「TankModel_sim」ボタンをク
　　リックし，一つ上の階層に移動する。

⓬　入力信号を発生する「Step」ブロックと出力観測用の「Scope」ブロックをライブラ
　　リブラウザから追加・結線する。「Step」ブロックのブロックパラメータの最終値を
　　「q1」とする。また，「Scope」ブロックの入力端子数を「2」に変更する。

⓭　シミュレーション時間を「Endtime」に設定する。

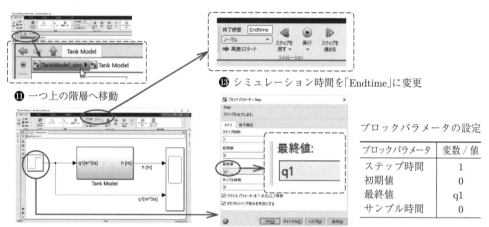

⓭ シミュレーション時間を「Endtime」に変更

⓫ 一つ上の階層へ移動

ブロックパラメータの設定

ブロックパラメータ	変数 / 値
ステップ時間	1
初期値	0
最終値	q1
サンプル時間	0

⓬ 「Step」ブロックと「Scope」ブロック（入力数を 2 に変更）を追加して結線
　※各信号線に信号名と単位のラベルを付けると Scope の結果にラベルが付く

図 3.12　タンクシステムシミュレーション（手順 6）

〔4〕 パラメータ設定およびシミュレーション（MATLAB）　　m ファイルを用いて，液
位プロセスシステムの具体的なシステムパラメータや入力流量の値を決定する。タンクのシス
テムパラメータとして**表 3.3** が与えられたとする。タンクの断面積ではなく直径が与えられて
いる点に注意しよう。このパラメータをもつタンクに，時刻 $t = 1\,\mathrm{s}$ で $u(t) = 1\times10^{-3}\,\mathrm{m^3/s}$ の

表 3.3　タンクシステムのパラメータ

システムパラメータ		値	単 位
タンク直径	D	0.5	m
流量抵抗	R	500	$\mathrm{s/m^2}$

[†1]　サブシステム生成時にフリーの信号線に自動的に入出力端子が割り当てられる。このとき，信号線のラ
　　　ベル名が端子ラベル名にコピーされる。
[†2]　ステップ入力については 3.5 節のラプラス変換を参照されたい。

流量で水を注入するとする。以上の情報をもとに，m ファイル（ファイル名は「TankModel.m」）を作成しよう。**プログラム 3–1** にプログラム例を記載する。

――――――――――― プログラム 3–1 (TankModel.m) ―――――――――――

```
%プログラム例(TankModel.m)
clear
close all
clc

%システムパラメータ
D = 0.5;          % 直径 [m]
R = 500;          % 流量抵抗 [s/m^2]
C = D^2/4*pi;     % タンク底面積 [m^2]
%入力
q1 = 1e-3;        % 流入流量 [m^3/s]

%シミュレーションの実行
Endtime = 1000;                        % シミュレーション時間
filename = 'TankModel_sim';   % Simulink ファイル名
open(filename)                          % Simulink オープン
sim(filename)                           % Simulink 実行
```

プログラムの実行によって得られる Simulink モデルの応答を図 **3.13** に示す。結果から，水が一定流量で流入を始めてからタンク内の液位が緩やかに上昇し，最終的には $0.5\,\mathrm{m}$ の高さで静止していることがわかる。

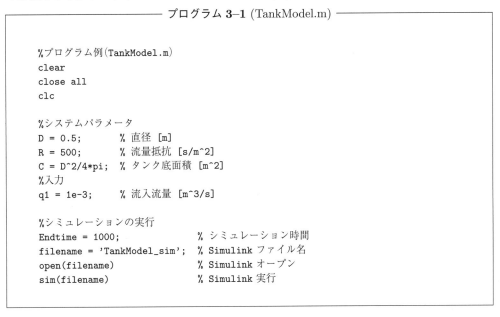

シミュレーション実行結果(Scope)

図 3.13 タンクシステムシミュレーション（シミュレーション結果）

3.3.2　RLC 回路モデル（電気システム）

図 **3.14** に示す **RLC 回路モデル**について考える。抵抗 $R\,[\Omega]$ の電気抵抗，インダクタン

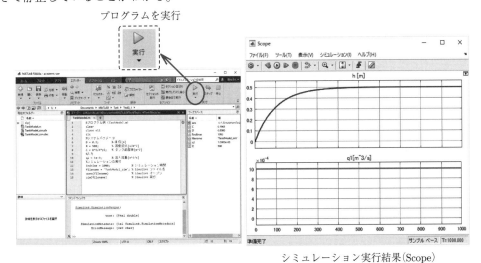

表 **3.4**　時間変動する物理量（RLC 回路）

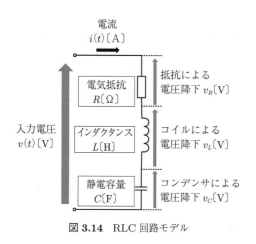

図 **3.14**　RLC 回路モデル

物理量		単 位
入力電圧	$v(t)$	V
電 流	$i(t)$	A
抵抗による電圧降下	$v_R(t)$	V
コイルによる電圧降下	$v_L(t)$	V
コンデンサによる電圧降下	$v_C(t)$	V

表 **3.5**　システムパラメータ一覧（RLC 回路）

システムパラメータ		単 位
電気抵抗	R	Ω
インダクタンス	L	H
静電容量	C	F

ス L〔H〕のコイル，静電容量 C〔F〕のコンデンサを直列につないだ閉回路の両端に入力電圧（起電力）$v(t)$〔V〕が発生したとする。このとき，閉回路中には $i(t)$〔A〕の電流が流れる。流れる電流に応じて各回路素子に電圧降下 $v_R(t)$〔V〕，$v_L(t)$〔V〕，$v_C(t)$〔V〕が発生する。時間によって変動する物理量（信号）を**表 3.4** に，閉回路のシステムパラメータを**表 3.5** に示す。

〔**1**〕　**微分方程式の導出（RLC 回路）**　図 **3.15** に示すように，電圧 $v(t)$（入力）に対する $i(t)$（出力）の時間変化の関係を知りたいものとする。

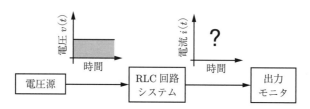

図 **3.15**　RLC 回路シミュレーションのイメージ

キルヒホッフの第二法則（閉回路内の起電力の総和と電圧降下の総和が等しい）より，次式の関係を得る。

$$v(t) = v_R(t) + v_L(t) + v_C(t) \tag{3.20}$$

電気抵抗における電圧降下は，オームの法則より

$$v_R(t) = Ri(t) \tag{3.21}$$

自己誘導の法則より，コイルの電圧降下は電流の時間変化に比例することから

$$v_L(t) = L\frac{di(t)}{dt} \tag{3.22}$$

また，コンデンサに蓄えられる電荷は $Q(t) = Cv_C(t)$ であり，$i(t) = dQ(t)/dt$ の関係から次式を得る[†]。

$$v_C(t) = \frac{1}{C}\int_0^t i(\tau)d\tau \tag{3.23}$$

したがって，式 (3.20) に式 (3.21)〜式 (3.23) を代入すると，次式を得る。

$$v(t) = Ri(t) + L\frac{di(t)}{dt} + \frac{1}{C}\int_0^t i(\tau)d\tau \tag{3.24}$$

式 (3.24) を変形すると

$$L\frac{di(t)}{dt} = v(t) - Ri(t) - \frac{1}{C}\int_0^t i(\tau)d\tau \tag{3.25}$$

$$\frac{di(t)}{dt} = \frac{1}{L}\left\{v(t) - Ri(t) - \frac{1}{C}\int_0^t i(\tau)d\tau\right\} \tag{3.26}$$

となり，電流の時間変化の式を得る。この式では，電流の時間変化が，現在の印加電圧と電流，そして過去からの電流の累積（あるいは現在コンデンサに蓄積されている電荷）によって決定づけられることを意味している。

〔**2**〕　**Simulink モデルの作成**　　液位プロセスと同様に，式 (3.26) に対応する Simulink モデルを作成しよう。

フォルダの作成　　Test フォルダに「Test3_2」フォルダを作成する。空の Simulink モデルを作成し，「RLCModel_sim.slx」として保存する。

手順 1（図 3.16）　　図中の括弧内の (i) を実現する。今回は三つの信号の総和をする必要があるために，円形の「Sum」ブロックでは信号の結線などが行いにくい。そこで，図中の※1のようにブロックの形状を四角形に変更する。また，結線をしやすくするために※2の手順に従って「Gain」ブロックの方向を変えるとよい。

手順 2（図 3.17）　　図中 (ii) より，「Sum」ブロックの出力を「Gain」ブロック（1/L）に接続する。また，(iii) から，「Gain」ブロック（1/L）の出力を「Integrator」ブロックへ接続する。

手順 3（図 3.18）　　図 3.17 のモデルをサブシステム化し，ブロックのラベルを「RLC Model」に，入出力端子のラベルを「v [V]」と「i [A]」に変更する。本シミュレーションでも，入力信号（電圧）をステップ信号であるとして，電流の応答を観測する。「Step」ブロックのブロックパラメータは，ステップ時間を「0.1」，最終値を「v」と設定する。最後に，シミュレーション終了時間を「Endtime」に変更する。

[†]　時刻 0 s におけるコンデンサの初期電荷は $Q(0) = 0$ と仮定している。

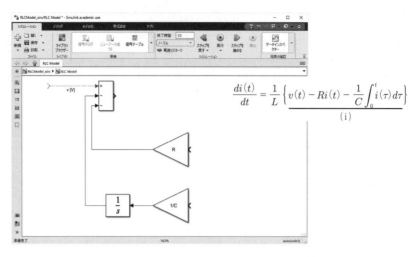

$$\frac{di(t)}{dt} = \frac{1}{L}\left\{v(t) - Ri(t) - \frac{1}{C}\int_0^t i(\tau)\,d\tau\right\}$$
(i)

※1　Sum ブロックの形状を変更　　　※2　右クリック→「回転と反転」→「ブロックの反転」を選択

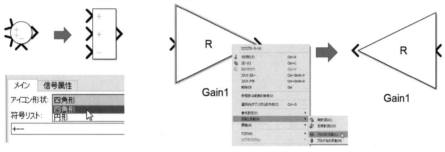

図 **3.16**　RLC シミュレーション（手順 1）

$$\frac{di(t)}{dt} = \frac{1}{L}\left\{v(t) - Ri(t) - \frac{1}{C}\int_0^t i(\tau)\,d\tau\right\}$$
(ii)
(iii)　積分　　　→ $i(t)$　　　※$i(t)$ の初期値は 0

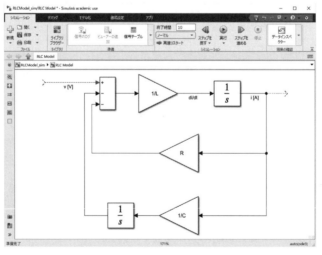

図 **3.17**　RLC シミュレーション（手順 2）

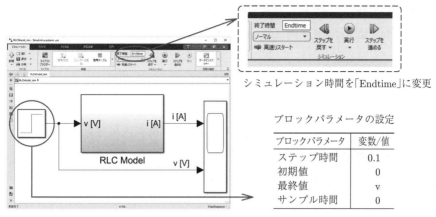

シミュレーション時間を「Endtime」に変更

ブロックパラメータの設定

ブロックパラメータ	変数/値
ステップ時間	0.1
初期値	0
最終値	v
サンプル時間	0

図 **3.18**　RLC シミュレーション（手順 3）

〔**3**〕　**パラメータ設定およびシミュレーション（MATLAB）**　　m ファイル（ファイル名は「RLCModel.m」）を作成しシミュレーションに必要なパラメータを設定する。**表 3.6** のシステムパラメータを持つ RLC 回路に $t = 0.1\,\mathrm{s}$ から $v(t) = 5\,\mathrm{V}$ の電圧を印加したとする。**プログラム 3–2** にプログラム例を示す。

表 **3.6**　RLC 回路のパラメータ

RLC 回路パラメータ		値	単　位
電気抵抗	R	100	Ω
インダクタンス	L	100	mH
静電容量	C	100	μF

―――― プログラム **3–2** (RLCModel.m) ――――

```
%プログラム例(RLCModel.m)
clear
close all
clc

%システムパラメータ
R = 100;     % 抵抗 [Ω]
L = 100e-3; % インダクタンス [H]
C = 100e-6; % 静電容量 [F]
%入力
v = 5;       % 入力電圧 [V]

%シミュレーションの実行
Endtime = 1;               % シミュレーション時間
filename = 'RLCModel_sim'; % Simulink ファイル名
open(filename)             % Simulink オープン
sim(filename)              % Simulink 実行
```

プログラムの実行によって得られる Simulink モデルの応答を図 **3.19** に示す。結果から，電圧が印加された瞬間に閉回路内に約 0.04 A の電流が流れるが，その後，電流量が緩やかに減少し，最終的には 0 A に収束していることがわかる。

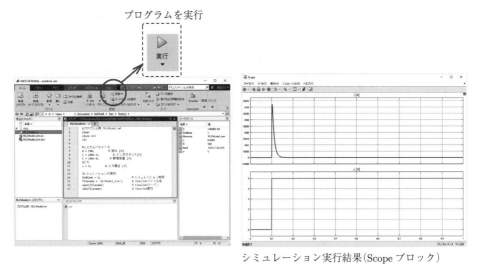

シミュレーション実行結果（Scope ブロック）

図 3.19 RLC シミュレーション（シミュレーション結果）

3.4 システムの平衡状態を考慮したモデリング

ここでは，モデリングにおいて重要となる平衡点と，その平衡点を含むモデルの作成・シミュレーション方法について，二つの例題をとおして演習する。

3.4.1 マス・バネ・ダンパモデル

〔1〕 微分方程式の導出　　図 **3.20** において，質量 M〔kg〕の物体に外力 $f(t)$〔N〕を与えたとき，時刻 t〔s〕における物体の変位 $x(t)$〔m〕を知りたいとする。本例題では，バネの

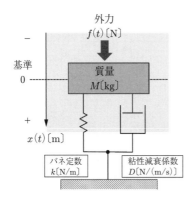

図 3.20 マス・バネ・ダンパ
モデル

自然長を基準位置 0 とする。また，入力（信号）として一定周期のパルス状の外力を加える
としよう（図 **3.21**）。これまでと同様に，時間変動する物理量（信号）とシステムパラメー
タを**表 3.7** と **表 3.8** に示す。

図 **3.21**　マス・バネ・ダンパモデルシミュレーションのイメージ

表 **3.7**　時間変動する物理量

物理量		単　位
外　力	$f(t)$	N
バネの自然長からの変位	$x(t)$	m

表 **3.8**　システムパラメータ

システムパラメータ		単　位
質　量	M	kg
バネ定数	k	N/m
粘性減衰係数	D	N/(m/s)
重力加速度	$g = 9.8$	m/s^2

並進運動の運動方程式より，物体の運動と物体に加わる力の関係は次式で表される。

$$M\frac{d^2 x(t)}{dt} = f(t) + f_D(t) + f_k(t) + f_g \tag{3.27}$$

式 (3.27) から質量 M をもつ物体の運動（加速）が物体にかかる力の総和によって引き起
こされていることがわかる。時刻 t における物体の変位 $x(t)$ と速度 $dx(t)/dt$ に対する，各
要素が物体に加える力の向きを**図 3.22** に示す。

バネの復元力 $f_k(t)$ は，フックの法則より，バネ定数 k を用いて次式で表される。

$$f_k(t) = -kx(t) \tag{3.28}$$

ダンパの制動力 $f_D(t)$ は粘性減衰係数 D を用いて次式で表される。

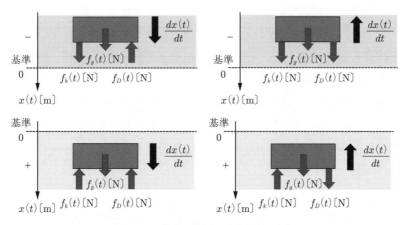

図 **3.22**　物体の位置・速度と力の向き

$$f_D(t) = -D\frac{dx(t)}{dt} \tag{3.29}$$

式 (3.28)，式 (3.29) より，バネとダンパはそれぞれ，変位 $x(t)$ と変位の時間変化（速度）$dx(t)/dt$ に対して比例した力を発生する要素であることがわかる。また，力の発生方向は，変位や速度とは逆向き，すなわち変化を妨げる方向（図の場合，負の向き）に発生している。また，地球上では，質量 M の物体に対して次式の重力 f_g が発生する。

$$f_g = Mg \tag{3.30}$$

ここに，$g = 9.8\,\mathrm{m/s^2}$ は重力加速度である。重力は，物体の変位や運動にかかわらず，つねに鉛直方向下向き（図の場合，正の向き）に発生していることに注意する。

式 (3.28)〜式 (3.30) を式 (3.27) に代入すると

$$M\frac{d^2x(t)}{dt} = f(t) - D\frac{dx(t)}{dt} - kx(t) + Mg \tag{3.31}$$

となり，式 (3.31) を整理すると次式を得る。

$$\frac{d^2x(t)}{dt} = \frac{1}{M}\left\{f(t) - D\frac{dx(t)}{dt} - kx(t) + Mg\right\} \tag{3.32}$$

式 (3.32) のように，同じ物理量の 2 階微分や 1 階微分を含む場合，次数の最も高い微分（この場合 2 階微分）を左辺に記述することで，Simulink によるモデリングが可能になる。

〔2〕 **Simulink モデル（マス・バネ・ダンパモデル）**　　Simulink を用いて式 (3.32) の機能をもつ**マス・バネ・ダンパモデル**を実現しよう。2 階微分を含むモデルでも基本的なモデル構築の考え方は同じである。

フォルダの作成　　Test フォルダに「Test3_3」フォルダを作成する。空の Simulink モデルを作成し，「MSDModel_sim.slx」として保存する。

手順 1（図 3.23）　　図中の (i) と (ii) を実現する。ただし，変位 $x(t)$ に依存しない重力項 Mg は図に示すように「Constant」ブロックを用いてモデル化する。また，「Sum」ブロックの符号に注意する。

手順 2（図 3.24）　　図中†に示すように，$d^2x(t)/dt^2$ に対して 2 回の積分操作を加えることで $x(t)$ を得ることができることから，シミュレーションでも図中 (iii)，(iv) に示すように，二つの「Integrator」ブロックを用いることで $x(t)$ を得ることができる。ここで，$d^2x(t)/dt^2$ に 1 回の積分操作を行うことで $dx(t)/dt$ が得られるため，この信号を用いて $D\,dx(t)/dt$ が計算できる。

---

†　図中の信号ラベルで $d^2x(t)/dt^2$ を「x_dd」と表記している。これは，システム工学の分野において，しばしば $d^2x(t)/dt^2 = \ddot{x}(t)$ と表記することから，ドットの数に応じた数の d を添え字として用いている。

$$\frac{d^2x(t)}{dt^2} = \underbrace{\frac{1}{M}}_{\text{(ii)}} \underbrace{\left\{ f(t) - D\frac{dx(t)}{dt} - kx(t) + Mg \right\}}_{\text{(i)}}$$

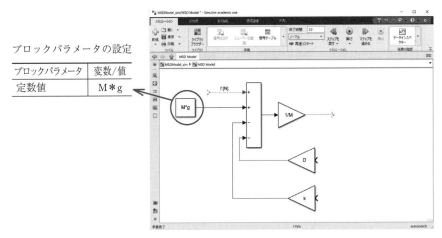

ブロックパラメータの設定

ブロックパラメータ	変数/値
定数値	M*g

図 3.23　マス・バネ・ダンパモデルのシミュレーション（手順 1）

$$\frac{d^2x(t)}{dt^2} = \frac{1}{M}\left\{ f(t) - D\frac{dx(t)}{dt} - kx(t) + Mg \right\}$$

積分 (iii) → $\dfrac{dx(t)}{dt}$ → 積分 (iv) → $x(t)$

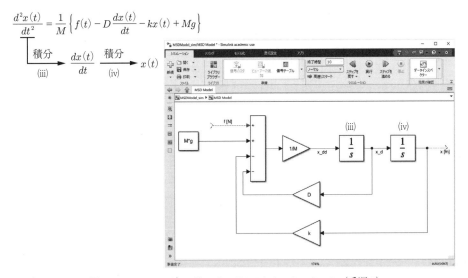

図 3.24　マス・バネ・ダンパモデルのシミュレーション（手順 2）

手順 3（図 3.25）　図 3.24 をサブシステム化し，入力に「Pulse Generator」ブロック，出力側に「Scope」ブロックを配置する。また，モデルに適切な名前を付け，入出力端子にも単位を明示したラベルを付けると，図 3.25 のような Simulink モデルを得る。

パルス状の周期信号を発生するブロック「Pulse Generator」ブロックの各設定パラメータと出力波形の関係は図のようになっている。例題では，振幅を「f」，周期を「p_cycle」，パルス幅を「p_width」，位相遅延を「10」に設定している。最後に，シミュレーション終了時間を「Endtime」に変更する。

ブロックパラメータの設定

ブロックパラメータ	変数/値
振　幅	f
周　期	p_cycle
パルス幅	p_width
位相遅延	10

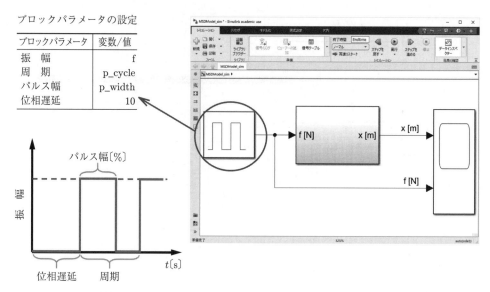

図 3.25　マス・バネ・ダンパモデルのシミュレーション（手順 3）

〔3〕　パラメータ設定およびシミュレーション（**MATLAB**）　　**表 3.9** のパラメータを
もつマス・バネ・ダンパシステムに，時刻 $t = 10\,\mathrm{s}$
から振幅 $10\,\mathrm{N}$ の力を $20\,\mathrm{s}$ の周期（ただし，パル
ス幅が周期の 50%）で加えたとする。m ファイル
（ファイル名は「MSDModel.m」）を作成し，各種
パラメータを設定の上シミュレーションを行う。
プログラム 3–3 にプログラム例を記載する。

表 3.9　マス・バネ・ダンパのパラメータ

システムパラメータ		値	単　位
質　量	M	10	kg
バネ定数	k	100	N/m
粘性減衰係数	D	10	N/(m/s)

――――― プログラム 3–3 (MSDModel.m) ―――――

```
%プログラム例(MSDModel.m)
clear
close all
clc

%システムパラメータ
M = 10;        %質量 [kg]
g = 9.8;       %重力加速度 [m/s^2]
k = 100;       %バネ定数 [N/m]
D = 10;        %粘性減衰係数 [N/(m/s)]
%入力
f = 10;        %外力 [N]
p_cycle = 20;  %周期 [s]
p_width = 50;  %パルス幅(周期の割合) [%]

%シミュレーションの実行
Endtime = 60;                %シミュレーション時間
```

```
filename = 'MSDModel_sim'; %Simulink ファイル名
open(filename)              %Simulink オープン
sim(filename)               %Simulink 実行
```

　プログラムの実行によって得られる Simulink モデルの応答を図 **3.26** に示す。出力結果から，$0 \leqq t < 10$ の区間において，外力 $f(t) = 0$ にもかかわらず，物体が動いていることがわかる。本来，外力が加わらない $0 \leqq t < 10$ の区間では，物体は静止しているはずである。つぎの〔4〕ではこの原因について微分方程式を用いて考察してみよう。

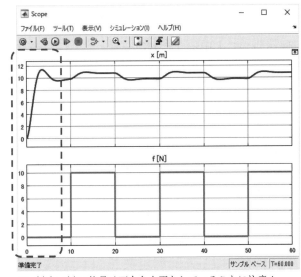

$0 \leqq t < 10$ の区間において外力
$f(t) = 0$ なのに $x(t)$ が時間変化
している？
（つまり物体が動いている？）

※$x(t)$ と $f(t)$ の符号は下向きを正としていることに注意！

図 **3.26**　マス・バネ・ダンパシステムのシミュレーション（シミュレーション結果）

　〔4〕　**平衡状態とシミュレーションの初期条件**　　微分方程式とは，着目している物理量の時間変化のルールを記述していることはすでに述べている。それでは，着目している物理量が変化しない（例題の場合，物体が静止している）場合，微分方程式からどのような情報を得ることができるだろうか。物体が静止しているとは物体の位置が時間変化しないことを意味する。したがって

$$\frac{d^2x(t)}{dt^2} = \frac{dx(t)}{dt} = 0 \tag{3.33}$$

と表すことができる[†]。時刻 $t = 0$ で $f(0) = 0$ かつ物体が静止しているとき，式 (3.32) にすべての条件を代入すると，次式を得る。

[†]　$d^2x(t)/dt^2 = 0$ だけでは，物体が等速直線運動をしている可能性があるため静止しているとはいえない。

$$Mg - kx(0) = 0 \tag{3.34}$$

$$x(0) = \frac{M}{k}g \tag{3.35}$$

式 (3.34) は，重力とバネの復元力がつり合っている（静止している）状態を示している。一方，式 (3.35) は，重力とバネの復元力がつり合っているとき，物体は基準点 0（バネの自然長）から $\frac{M}{k}g$〔m〕の位置で静止していることを示している。このように，システムの入出力状態がつり合っている状態を**平衡状態**と呼ぶ。例題のシステムでは $f(0) = 0$ のとき $x(0) = \frac{M}{k}g$ であればシステムは平衡状態[†1]にあり，システムが完全に静止する。しかし，シミュレーションでは，通常，$t = 0$ での物理量は 0 として初期化されている場合が多い。したがって，今回の例題において $f(0) = 0$ で $x(0) = 0$ とすると，平衡状態にない（すなわち，重力とバネの復元力の力のつり合いが崩れている）ため外力 $f(t)$ が 0 にもかかわらず物体が運動する。このことから，Simulink を用いてシステムの静止状態からのシミュレーションを行う場合には，変位の初期変位を $x(0) = Mg/k$ として初期化する必要があることがわかる[†2]。

対象となる物理量の初期値は「Integrator」ブロックのブロックパラメータ内の「初期条件」で設定することができる（**図 3.27**）。図 3.27 の結果から，$0 \leqq t < 10$ まではシステムが静止していることがわかる。次項では，あらかじめ平衡状態を考慮したモデリング方法について説明する。

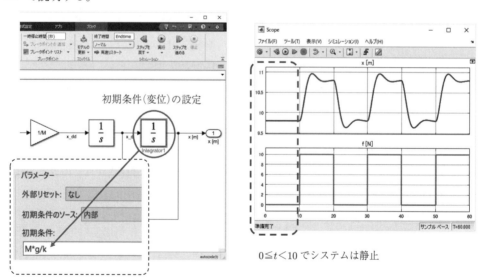

初期条件（変位）の設定

$0 \leqq t < 10$ でシステムは静止

図 3.27 初期条件の設定とシミュレーション結果

[†1] 入力＝0 である必要がないことに注意しよう。$t = 0$ においてシステムの初期状態が平衡状態にあるということは，「入力＝一定値」かつ「出力＝一定値」であればよい。

[†2] これまでの例題は平衡状態を入力=0 のとき出力=0 であるため，シミュレーションにおいて本例題のような問題は発生していない。

3.4.2　熱収支モデル

図 3.28 に示すように，容器に入った熱容量 C〔J/°C〕の水（水温プロセスシステム）の
モデリングを考える。なお，信号とシステムパラメータの一覧を**表 3.10**，**表 3.11** に示す。
ヒータから熱流量 $q_1(t)$〔W〕が与えられたとき，水温 $y(t)$〔°C〕がどのように変化するかを
知りたい。ここでは，$t = 0$ でシステムが平衡状態にあるという仮定を考慮してモデリング
を行ってみよう。ただし，外気温 d_0〔°C〕は時間にかかわらず一定で変化しないものとする。

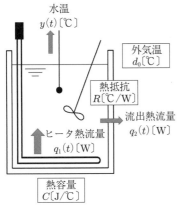

図 3.28　水温プロセスシステム

表 3.10　時間変動する物理量

物理量		単 位
水　温	$y(t)$	°C
水の熱量	$Q(t)$	J
ヒータ熱流量	$q_1(t)$	W
流出熱流量	$q_2(t)$	W
外気温	d_0 (一定)	°C

表 3.11　システムパラメータ一覧

システムパラメータ		単 位
熱抵抗	R	W/°C
水の熱容量	C	J/°C
水の質量	M	kg
水の比熱	c	J/(kg·°C)

〔1〕　**平衡状態を考慮した物理量の定義**　　時刻 $t = 0$ で，$y(0) = y_0$，$q_1(0) = 0$ の平衡
状態にあるとする。平衡状態における物理量の値を**平衡点**と呼ぶ。また，このとき水がもつ
熱量（エネルギー）を $Q(0) = Q_0$ とする。$t > 0$ における水温 $y(t)$ や熱量 $Q(t)$ は，各々の
平衡点からの差分値 $y_\Delta(t)$，$Q_\Delta(t)$ を用いて，次式のように表すことができる[†]。

$$y(t) = y_0 + y_\Delta(t) \tag{3.36}$$

$$Q(t) = Q_0 + Q_{w\Delta}(t) \tag{3.37}$$

〔2〕　**微分方程式の導出**　　〔W〕=〔J/s〕であることに注意すると，$Q(t)$，$q_1(t)$ および
$q_2(t)$ の関係式はエネルギーの保存則から次式で与えられる。

> 水の（蓄）熱量の時間変化〔W〕= 流入熱量 (ヒータ熱流)〔W〕− 流出熱量〔W〕

つまり

[†] 　$q_1(t)$ に関しても同様の定義が可能であるが，平衡点は 0 である。かりに $t > 0$ における平衡点との差
　　$q_{H1\Delta}(t)$ を定義しても，結局，$q_1(t) = q_{H1\Delta}(t)$ となる。

$$\frac{dQ(t)}{dt} = q_1(t) - q_2(t) \tag{3.38}$$

である。ここで，熱容量 C は物体の温度を 1°C 上昇させるのに必要なエネルギー†であるから，ある物体の熱量が Q_Δ 増加し，物体の温度が y_Δ 上昇したとすると，熱容量は次式で計算される。

$$C = \frac{Q_\Delta}{y_\Delta} \tag{3.39}$$

したがって

$$Q_\Delta = Cy_\Delta \tag{3.40}$$

式 (3.39) を式 (3.38) に代入すると，次式を得る。

$$C\frac{dy_\Delta(t)}{dt} = q_1(t) - q_2(t) \tag{3.41}$$

ここで，式 (3.36) より

$$y_\Delta(t) = y(t) - y_0(t) \tag{3.42}$$

であるから，式 (3.42) を式 (3.41) に代入すると次式を得る。

$$C\frac{dy(t)}{dt} = q_1(t) - q_2(t) \tag{3.43}$$

流出熱流量 $q_2(t)$ は水温 $y(t)$ と外気温 d_0 の差に比例し，熱抵抗を R とすると次式で与えられる。

$$q_2(t) = \frac{1}{R}\{y(t) - d_0\} \tag{3.44}$$

したがって，式 (3.38) に式 (3.44) を代入すると，次式を得る。

$$C\frac{y(t)}{dt} = q_1(t) - \frac{1}{R}\{y(t) - d_0\} \tag{3.45}$$

式 (3.45) を整理すると，次式を得る。

$$\frac{y(t)}{dt} = \frac{1}{C}\left[q_1(t) - \frac{1}{R}\{y(t) - d_0\}\right] \tag{3.46}$$

ここで，$t = 0$ において，$\frac{dy_\Delta(0)}{dt} = 0$ および $q_1(0) = 0$ であることを考慮すると，式 (3.46) は次式となる。

$$0 = \frac{1}{C}\left[-\frac{1}{R}\{y(0) - d_0\}\right] = \frac{1}{CR}(d_0 - y_0) \tag{3.47}$$

したがって

$$y_0 = d_0 \tag{3.48}$$

---

† 必要なエネルギー C は物体の比熱 c と質量 M の積で決まる。この例では $C = Mc$ である。

であることがわかる。以上の結果に基づき Simulink モデルを作成してみよう。

〔**3**〕　**Simulink モデル（水温プロセスシステム）**　　Simulink を起動して実際に水温プロセスシステムのモデルを実現しよう。

フォルダの作成　　Test フォルダに「Test3_4」フォルダを作成する。空の Simulink モデルを作成し，「TempModel_sim.slx」として保存する。

手順 1（図 3.29）　　これまでと同様の手順で図 3.29 の (i) を実現する。作り方がわからない場合は，3.3.1 項を参照されたい。式 (3.46) をよく見ながら，入力が $q_1(t)$，出力が $y(t)$ となるブロック線図を構築する。

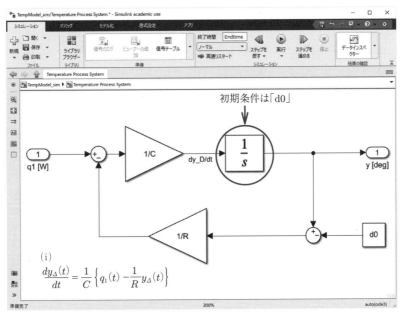

図 3.29　水温プロセスシステムのシミュレーション（手順 1）

手順 2（図 3.30）　　図 3.29 をサブシステム化し，入力に「Step」ブロック，出力側に「Scope」ブロックを配置する。また，モデルに適切な名前を付け，入出力端子にも単位を明示したラベルを付けると，図 3.24 のような Simulink モデルを得る。シミュレーション開始時におけるシステムの平衡状態を確認するため，「Step」ブロックのステップ時間を「100」に設定する。また，最終値は「q1」に設定しておく。最後に，シミュレーション終了時間を「Endtime」に変更する。

〔**4**〕　**パラメータ設定およびシミュレーション（MATLAB）**　　表 3.12 のパラメータをもつ水温プロセスシステムに，時刻 $t = 100\,\mathrm{s}$ で $300\,\mathrm{W}$ のヒータの電源を入れたとする。m ファイル（ファイル名は「TempModel.m」）を作成し，各種パラメータを設定の上シミュレーションを行う。**プログラム 3–4** にプログラム例を記載する。

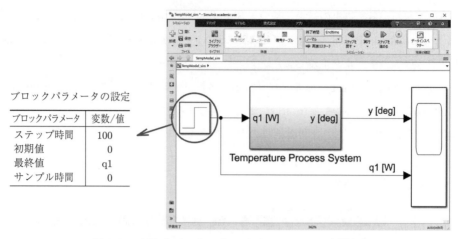

図 3.30 水温プロセスシステムのシミュレーション（手順 2）

ブロックパラメータの設定

ブロックパラメータ	変数/値
ステップ時間	100
初期値	0
最終値	q1
サンプル時間	0

表 3.12 水温プロセスシステムのパラメータ

システムパラメータ		値	単　位
水の質量	M	1	kg
水の比熱	C	4 187	J/(kg·°C)
熱抵抗	R	0.1	°C/W
外気温	d_0	20	°C

―――― プログラム 3–4 (TempModel.m) ――――

```
%プログラム例(TempModel.m)
clear
close all
clc

%システムパラメータ
M = 1;        %水の質量 [kg]
c = 4187;     %水の比熱 [J/(kg·°C)]
C = M * c;    %熱容量 [J/°C]
R = 0.1;      %熱抵抗 [°C/W]
d0 = 20;      %外気温 [°C]
%入力
q1 = 300;     %ヒータ(流入)熱流量 [W]

%シミュレーションの実行
Endtime = 1800;              %シミュレーション終了時刻
filename = 'TempModel_sim';  %Simulink ファイル名
open(filename)               %Simulink オープン
sim(filename)                %Simulink 実行
```

　プログラムの実行によって得られる Simulink モデルの応答を図 **3.31** に示す。結果から，入力が 0 である $0 \leqq t < 100$ の間は，出力の温度が外気温と同じ 20°C で平衡している。ま

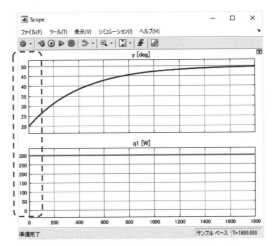

・$0 \leqq t < 100$ でシステム出力は 20 ℃で平衡している。
・最終温度は平衡点から 30 ℃しか上昇していないことに注意！

図 3.31 水温プロセスシステムのシミュレーション
（シミュレーション結果）

た，$t \geqq 100$ でヒータ電源が入ってからは，出力温度が 50°C 近くまで上昇している。ただし，ヒータから与えられた熱量によって上昇した温度（すなわち $y_\Delta(t)$）は 30°C であることに注意しよう。

3.5 ラプラス変換と伝達関数

これまでの例題から対象となるシステムの微分方程式を得ることで，MATLAB/Simulink を用いてシミュレーションを容易に行えることがわかった。微分方程式がシステムの挙動を支配しているのだから，これらの式から，直接，システムの情報（応答速度や振動モードの有無など）を解析することはできないだろうか。本節では，微分方程式の解析手法としてのラプラス変換を紹介し，ラプラス変換によって得られる伝達関数から，システムパラメータとシステムの応答の関係が容易に解析できることを示す。

3.5.1 ラプラス変換の定義

〔1〕 **線形微分方程式** 対象システムの挙動が次式の微分方程式で表される場合を考える。

$$\frac{d^n y(t)}{dt^n} + a_1 \frac{d^{n-1} y(t)}{dt^{n-1}} + \cdots + a_n y(t) = b_0 \frac{d^m u(t)}{dt^m} + b_1 \frac{d^{m-1} u(t)}{dt^{m-1}} + \cdots + b_m u(t)$$

$$(3.49)$$

上記のように，入出力信号の微分値とパラメータの線形和によって表現できる微分方程式

を線形微分方程式と呼ぶ。この場合，ラプラス変換と呼ばれる操作を行うことで，伝達関数と呼ばれる関数を得ることができ，伝達関数からシステムに関する重要な情報を抽出することができる。例えば，3.3.1 項の液位プロセスシステムは，次式で表される。

$$C\frac{dh(t)}{dt} = q_1(t) - \frac{1}{R}h(t) \tag{3.50}$$

$$\frac{dh(t)}{dt} + \frac{1}{CR}h(t) = \frac{1}{C}q_1(t) \tag{3.51}$$

ここで，$y(t) = h(t), u(t) = q_1(t)$，$a_1 = 1/CR, b_0 = 1/C$ とすれば，式 (3.49) の関係を満足するので線形微分方程式である。

〔**2**〕**ラプラス変換**　　$t \geqq 0$ で定義されたある時間関数 $f(t)$ が任意の有限区間で積分可能とするとき

$$F(s) = \mathcal{L}[f(t)] := \int_0^\infty f(t)e^{-st}dt \tag{3.52}$$

を $f(t)$ の**ラプラス変換**という。ここで，s は複素数であり，任意の実数 σ と周波数 ω を用いて，$s := \sigma + j\omega$ と表される。一方，関数 $F(s)$ から $f(t)$ を求める操作を**逆ラプラス変換**と呼び，次式で定義される。

$$f(t) = \mathcal{L}^{-1}[F(s)] := \lim_{p \to \infty} \frac{1}{2\pi j} \int_{\sigma-jp}^{\sigma+jp} F(s)e^{st}ds \tag{3.53}$$

例として，次式で与えられる信号のラプラス変換を求めてみよう。

$$f(t) = \begin{cases} 0 \ (t < 0) \\ 1 \ (t \geqq 0) \end{cases} \tag{3.54}$$

このような信号をステップ信号と呼び，**図 3.32** のような概形となる。特に信号の大きさが 1 のものを単位ステップ信号と呼ぶ。

図 **3.32**　単位ステップ信号

ラプラス変換の定義式より

$$F(s) = \int_0^\infty 1 \cdot e^{-st}dt = \left[-\frac{1}{s}e^{-st} \right]_0^\infty = \frac{1}{s} \tag{3.55}$$

となる。t の関数 $f(t)$ がラプラス変換により s の関数 $F(s)$ に変換されている。ラプラス変換のイメージを**図 3.33** に示す。実時間の世界では，ある現象を表す関数が $f(t)$ のように表される。

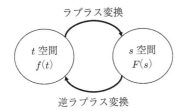

ラプラス変換

t 空間
$f(t)$

s 空間
$F(s)$

逆ラプラス変換

図 3.33 ラプラス変換の
イメージ

　一方，周波数空間の世界では，同様の現象を表す関数として $F(s)$ が用いられる。これは，あるフルーツを表すのに，日本語というツールを用いて「りんご」と表現し，英語というツールを用いるのであれば「Apple」と表現することに似ている。つまり，同様の現象を示すために用いるツールが異なり（関数の例では t と s），ツールの違いが関数の形の違いとなって現れている。基本的なラプラス変換をまとめたラプラス変換表を**表 3.13** に示す。ラプラス変換表を用いると，その変換が容易である。また，$F(s)$ から $f(t)$ への逆ラプラス変換の結果も容易に知ることができる。ラプラス変換には線形性と呼ばれる，重要な性質がある。この性質はラプラス変換の演算においてひんぱんに利用されるので覚えておこう。

$$\mathcal{L}[af(t)] = a\mathcal{L}[f(t)] \tag{3.56}$$

$$\mathcal{L}[af_1(t) + bf_2(t)] = a\mathcal{L}[f_1(t)] + b\mathcal{L}[f_2(t)] \tag{3.57}$$

ただし，a, b は定数である。線形性は，逆ラプラス変換においても成り立つ。

$$\mathcal{L}^{-1}[aF(s)] = a\mathcal{L}^{-1}[F(s)] \tag{3.58}$$

$$\mathcal{L}^{-1}[aF_1(s) + bF_2(s)] = a\mathcal{L}^{-1}[F_1(s)] + b\mathcal{L}^{-1}[F_2(s)] \tag{3.59}$$

表 3.13 ラプラス変換表

$f(t)$	$F(s)$	$f(t)$	$F(s)$
$\delta(t)$	1	$\dfrac{df(t)}{dt}$	$sF(s)$
$a(t \geqq 0)$	$\dfrac{a}{s}$	$\displaystyle\int_0^t f(\tau)d\tau$	$\dfrac{1}{s}F(s)$
at	$\dfrac{a}{s^2}$	$f(t - \tau)$	$F(s)e^{-\tau s}$
e^{-at}	$\dfrac{1}{s + a}$	$\sin(\omega t)$	$\dfrac{\omega}{s^2 + \omega^2}$
te^{-at}	$\dfrac{1}{(s + a)^2}$	$\cos(\omega t)$	$\dfrac{s}{s^2 + \omega^2}$

$f(t) = 0 \ (t \leqq 0)$ とする。

3.5.2 一 次 遅 れ 系

〔1〕 伝 達 関 数　　ここでは，二つの例題を通じてラプラス変換と伝達関数について理解

し，ラプラス変換によって得られる微分方程式の解と伝達関数の関係を理解しよう。例題とし
て 3.3.1 項の液位プロセスシステムのラプラス変換を取り扱う。ただし，のちの議論に一般性
を持たせるため，$u(t) = q_1(t)$，$y(t) = h(t)$ とする[†1]。式 (3.18) の両辺をラプラス変換する。
ただし，時間関数 $u(t)$ と $y(t)$ のラプラス変換を，それぞれ $\mathcal{L}[u(t)] = U(s)$，$\mathcal{L}[y(t)] = Y(s)$
とする。

$$\mathcal{L}\left[C\frac{dy(t)}{dt}\right] = \mathcal{L}\left[u(t) - \frac{1}{R}y(t)\right] \tag{3.60}$$

$$C\mathcal{L}\left[\frac{dy(t)}{dt}\right] = \mathcal{L}[u(t)] - \frac{1}{R}\mathcal{L}[y(t)] \tag{3.61}$$

$$CsY(s) = U(s) - \frac{1}{R}Y(s) \tag{3.62}$$

$$(Cs + \frac{1}{R})Y(s) = U(s) \tag{3.63}$$

$$Y(s) = \frac{R}{1 + RCs}U(s) \tag{3.64}$$

ここで，$Y(s) = G(s)U(s)$ としたときの $G(s)$ を**伝達関数**と呼ぶ。伝達関数は，次項で説
明するようにシステムの重要な特性を示す。上記の場合，伝達関数は $G(s) = \dfrac{R}{1 + RCs}$ であ
る[†2]。

〔**2**〕 **ステップ応答**   伝達関数が与えられれば，以下のような手順でステップ応答を導
出することができる。入力信号が図 3.32 のような単位ステップ入力であるとする。ラプラス
変換表より，式 (3.64) に単位ステップ信号のラプラス変換である $U(s) = 1/s$ を代入して，
次式を得る。

$$Y(s) = \frac{R}{1 + RCs} \cdot \frac{1}{s} \tag{3.65}$$

つぎに，式 (3.65) を変形して

$$Y(s) = \frac{\alpha}{s} + \frac{\beta}{1 + RCs} \tag{3.66}$$

とする。α と β は未知定数である。式 (3.65) と式 (3.66) の右辺は等しいので

$$\frac{R}{s(1 + RCs)} = \frac{\alpha}{s} + \frac{\beta}{1 + RCs} \tag{3.67}$$

が成り立つ。式 (3.67) の右辺の分母を，左辺の分母と同じになるように変形すると次式を
得る。

[†1] システム工学では，システムの入力信号を $u(t)$，出力信号を $y(t)$ と標記することが一般的であるため
本書でもこの慣例に従う。
[†2] 伝達関数はシステムパラメータとラプラス演算子 s のみで構成される。したがって，伝達関数に $Y(s)$
や $U(s)$ などの信号成分を含めてはならない。

$$\frac{R}{s(1+RCs)} = \frac{(1+RCs)\alpha + sb}{s(1+RCs)} = \frac{\alpha + (aRC + \beta)s}{s(1+RCs)} \tag{3.68}$$

式 (3.68) が恒等的に成り立つためには，分子多項式において次式が成立すればよい。

$$\begin{cases} \alpha = R \\ \alpha RC + \beta = 0 \end{cases} \tag{3.69}$$

したがって，未知変数が二つに対して二つの連立方程式があるため，解は一意に存在し

$$\alpha = R, \ \beta = -R^2 C \tag{3.70}$$

を得る。式 (3.67) に $\alpha = R$, $\beta = R^2 C$ を代入すると

$$Y(s) = \frac{R}{s} - \frac{R^2 C}{1 + RCs} \tag{3.71}$$

ここで，ラプラス変換表による**逆ラプラス変換**の操作を容易にするため，右辺第二項の分母分子を RC で除算する。

$$Y(s) = \frac{R}{s} - \frac{R}{s + \dfrac{1}{RC}} = R\left(\frac{1}{s} - \frac{1}{s + \dfrac{1}{RC}} \right) \tag{3.72}$$

つぎに，両辺を逆ラプラス変換する。

$$\mathcal{L}^{-1}[Y(s)] = \mathcal{L}^{-1}\left[R\left(\frac{1}{s} - \frac{1}{s + \dfrac{1}{RC}} \right) \right] \tag{3.73}$$

$$y(t) = R\left\{ \mathcal{L}^{-1}\left[\frac{1}{s} \right] - \mathcal{L}^{-1}\left[\frac{1}{s + \dfrac{1}{RC}} \right] \right\} \tag{3.74}$$

ここで，ラプラス変換の線形性を用いた。

ラプラス変換表より

$$y(t) = R\left\{ 1 - e^{-\frac{1}{RC}t} \right\} \tag{3.75}$$

これにより，$u(t)$ として，単位ステップ信号をシステムに入力したときの $y(t)$ の出力波形が，t の関数として得られる。

3.5.3 伝達関数とステップ応答の関係

$R = K$, $RC = T$ とおく。すると式 (3.64) はつぎのように書き換えられる。

$$Y(s) = \frac{K}{1+Ts}U(s) \tag{3.76}$$

このように，入出力の伝達関数が $\dfrac{K}{1+Ts}$ で与えられるシステムを**一次遅れ系**と呼ぶ。一方，式 (3.75) は次式のように表される。

$$y(t) = K\left\{1 - e^{-\frac{1}{T}t}\right\} \tag{3.77}$$

式 (3.77) は，s 空間において $U(s) = 1/s$ とした（すなわち単位ステップ入力を印加した）ときの $y(t)$ の応答を表している。したがって，$U(s) = 1/s$ のもとでは，式 (3.65)，式 (3.77) は s 空間と t 空間で同様の現象を示している。式 (3.77) の出力 $y(t)$ における代表的な 3 点を具体的に求めてみよう。

$$\begin{cases} y(0) = 0 & (t = 0) \\ y(T) = K\{1 - e^{-1}\} \simeq 0.632K & (t = T) \\ y(\infty) = K & (t = \infty) \end{cases} \tag{3.78}$$

以上の結果をもとに，波形の概形を描いたものを図 **3.34** に示す。

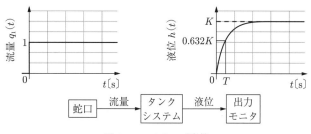

図 **3.34**　ステップ応答

これらの結果から，T はシステムにステップ入力を印加してから $y(t)$ が平衡点（最終値）の 63.2% の値に達するまでの時間（つまり応答性能）を，K は平衡状態における入力信号に対する出力信号の倍率をそれぞれ表していることがわかる。一般に T は**時定数**，K は**システムゲイン**と呼ばれる。一方，式 (3.76) において，$G(s)$ の中に，時定数とシステムゲインの情報が含まれていることがわかる。したがって，逆ラプラス変換を用いて微分方程式の解を求めなくても微分方程式をラプラス変換することで得られる伝達関数 $G(s)$ がわかれば，システムの特性を理解することができる。

システム設計論の立場から伝達関数をながめると，T や K がどのパラメータで構成されているかが重要である。例えば，システムの応答性能（例題ではタンクの液面の時間変化）は C と R に支配されている。また，液面の平衡点は R のみによって決定される。このことから，液面の応答性能のみを変化させたい場合には，R を調整するよりも C を調整するほうが妥当であることがわかる。

3.5.4 二 次 遅 れ 系

二次遅れ系の入出力関係は次式で与えられる。

$$Y(s) = \frac{K\omega_n^2}{s^2 + 2\zeta\omega_n s + \omega_n^2} U(s) \tag{3.79}$$

したがって，伝達関数は

$$G(s) = \frac{K\omega_n^2}{s^2 + 2\zeta\omega_n s + \omega_n^2} \tag{3.80}$$

である。ここで，K はシステムゲイン，ω_n は固有周波数，ζ は減衰比を表す。ここでは，3.4.1 項のマス・バネ・ダンパモデルが二次遅れ系であることを示し，システムパラメータとシステムの応答の関係を解析する。式 (3.31) より

$$M\frac{d^2 x(t)}{dt} = f(t) - D\frac{dx(t)}{dt} - kx(t) + Mg \tag{3.81}$$

解析にあたり，式変形を行う。$f(t) = 0$ における出力の平衡点 $x(0) = x_0 = \dfrac{M}{k}g$ とし，これを新たな基準点とする。すると

$$M\frac{d^2}{dt}\{x(t) + x_0\} = f(t) - D\frac{d}{dt}\{x(t) + x_0\} - k\{x(t) + x_0\} + Mg \tag{3.82}$$

$$M\frac{d^2 x(t)}{dt} = f(t) - D\frac{dx(t)}{dt} - kx(t) \tag{3.83}$$

ここでも，$y(t) = x(t)$，$u(t) = f(t)$ として議論を進める。両辺をラプラス変換することで，次式を得る。

$$Ms^2 Y(s) = U(s) - DsY(s) - kY(s) \tag{3.84}$$

$$(Ms^2 + Ds + k)Y(s) = U(s) \tag{3.85}$$

$$Y(s) = \frac{1}{Ms^2 + Ds + k} U(s) \tag{3.86}$$

いま，伝達関数の一般形と得られた伝達関数を比較すると

$$\frac{K\omega_n^2}{s^2 + 2\zeta\omega_n s + \omega_n^2} = \frac{1}{Ms^2 + Ds + k} \tag{3.87}$$

となり，両辺の変数の数がともに三つであるので，対応関係が次式のように一意に決まる。

$$\omega_n = \sqrt{k/M} \tag{3.88}$$

$$\zeta = \frac{D}{2\sqrt{kM}} \tag{3.89}$$

$$K = \frac{1}{k} \tag{3.90}$$

図 **3.35** に二次遅れ系のステップ応答の例を示す。例では，$K = 1$，$\omega_n = 1$ に固定し，ζ のみを変更している。二次遅れ系では，ζ の値によってステップ応答の形状が大きく変化する。$\zeta \geqq 1$ であれば，固有周波数による振動の影響を抑制できることが知られている。上記パラメータの関係から粘性減衰係数 D は ζ だけに影響を及ぼすため，システムの減衰性能を決定づける重要な因子であることがわかる。

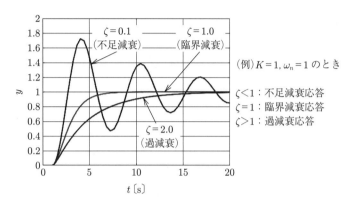

図 **3.35** 二次遅れ系の
ステップ応答

3.5.5 n 次遅れ＋微分系

式 (3.24) の伝達関数を求めてみよう。ここでも入力信号を $u(t) = v(t)$，出力信号を $y(t) = i(t)$ とし，式 (3.24) を以下のように書き換える。

$$u(t) = Ry(t) + L\frac{dy(t)}{dt} + \frac{1}{C}\int_0^t y(\tau)d\tau \tag{3.91}$$

上式をラプラス変換すると

$$U(s) = RY(t) + LsY(s) + \frac{1}{Cs}Y(s) \tag{3.92}$$

$$Y(s) = \frac{1}{R + Ls + \dfrac{1}{Cs}}U(s) = \frac{Cs}{LCs^2 + RCs + 1}U(s) \tag{3.93}$$

したがって，伝達関数は

$$G(s) = \frac{Cs}{LCs^2 + RCs + 1} \tag{3.94}$$

となる。この伝達関数は「**二次遅れ＋微分系**」と呼ばれる。**図 3.36** に伝達関数の一般的な呼称を示す。このように n 次遅れ系の伝達関数を基本とし，これらの伝達関数に微分要素 s や積分要素 $1/s$ が追加されたシステムを，それぞれ，「n 次遅れ＋微分系」や「n 次遅れ＋積分系」と呼ぶ。また，図では伝達関数の次数の条件が $n \geqq m$ となっている。このような条件を満たす伝達関数を「**プロパーな伝達関数**」であるという。伝達関数がプロパーであるとい

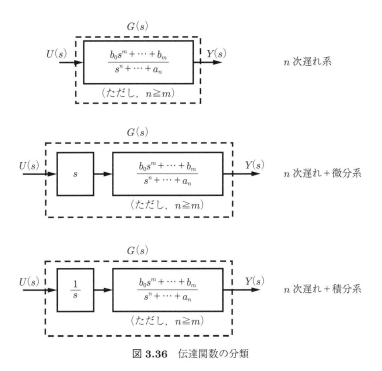

図 3.36　伝達関数の分類

う意味は，時刻 t の出力 $y(t)$ が，それ以前の時刻の入力信号や出力信号によって決定づけられることと等価である。したがって，基本的に物理現象のモデリングではプロパーな伝達関数を得るものと考えてよい。

3.6　より高度なモデリングのために

3.6.1　アナロジーによるシステムの理解

これまでに得られたシステムの入出力と伝達関数を**表 3.14** に示す。一覧から液位プロセスシステムと水温プロセスシステムは同じ伝達関数の形をしていることがわかる。二つの式

表 3.14　システムの入出力と伝達関数一覧

	液位プロセス	水温プロセス	RLC 回路	マス・バネ・ダンパ
入力信号	流量：$q_1(t)$	熱流量：$q_1(t)$	電圧：$v(t)$	外力：$f(t)$
出力信号	液位：$h(t)$	水温：$y(t)$	電流：$i(t)$	変位：$x_\Delta(t)$
システムパラメータ	流量抵抗：R	熱抵抗：R	電気抵抗：R	質量：M
	断面積：C	熱容量：C	インダクタンス：L	粘性減衰係数：D
			静電容量：C	バネ定数：k
伝達関数	$\dfrac{R}{1+RC}$	$\dfrac{R}{1+RC}$	$\dfrac{Cs}{LCs^2+RCs+1}$	$\dfrac{1}{Ms^2+Ds+k}$

を比較すると，流量と熱流量，タンク断面積 と 熱容量 は，それぞれ，類似した特性をもって
いると考えられる。このように，現象を数式化（抽象化）した際に得られる**アナロジー**（類
似性）に着目することで，熱の変化などの理解しにくい物理現象を，タンク内の液位の変化
に置き換えて考えることができる。

式 (3.24) の **RLC 回路システム**について考えてみよう。表 3.14 には，同じ形式の伝達関
数が見あたらない。そこで，電流 $i(t)$ と電荷 $Q(t)$ の関係 $i(t) = dQ(t)/dt$ を用いて式 (3.24)
を変形すると次式を得る。

$$v(t) = L\frac{d^2Q(t)}{dt^2} + R\frac{dQ(t)}{dt} + \frac{1}{C}Q(t) \tag{3.95}$$

$$L\frac{d^2Q(t)}{dt^2} = v(t) - R\frac{dQ(t)}{dt} - \frac{1}{C}Q(t) \tag{3.96}$$

したがって，対応する伝達関数は

$$G(s) = \frac{1}{Ls^2 + Rs + \dfrac{1}{C}} \tag{3.97}$$

となる。このことから，物体の運動方程式と RLC 回路における回路方程式（ただし，出力
は電荷）は式の上では性質が類似する現象として取り扱うことができることがわかる。

3.6.2　非線形モデリングと線形化

世の中の多くのシステムは非線形性を有しており，線形微分方程式で記述することは難し
い。このようなシステムの中には，近似手法を用いることで，平衡点周りで線形システムと
仮定できることがある。このような操作を**線形化**と呼ぶ。ここでは，3.3.1 項の液位プロセス
モデルが本来は非線形微分方程式で表されており，かつ，線形化を行った結果と 3.3.1 項の
結果が平衡点周りでは一致することを示そう。

ベルヌーイの法則から，流出量 $q_2(t)$ と液位 $h(t)$ の関係について次式の関係が知られて
いる。

$$q_2(t) = Z\sqrt{2gh(t)} \tag{3.98}$$

Z は流出口の形状や流体の粘性によって決定されるパラメータであり，ここでは一定であ
ると仮定する。式 (3.15) に $V(t) = Ch(t)$ および式 (3.98) を代入すると次式を得る。

$$C\frac{dh(t)}{dt} = q_1(t) - Z\sqrt{2gh(t)} \tag{3.99}$$

上式では，右辺第二項において $h(t)$ の平方根を含んでおり，非線形微分方程式の形式をし
ている。非線形微分方程式であることで Simulink モデルが設計できないわけではないことに

注意しよう。これまでと同様に，非線形微分方程式をモデルとして表してみよう。式 (3.99) を以下のように変形し，**図 3.37** のモデルを得る。

$$\frac{dh(t)}{dt} = \frac{1}{C}\left\{ q_1(t) - Z\sqrt{2gh(t)} \right\} \tag{3.100}$$

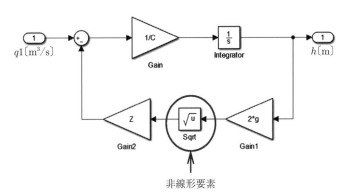

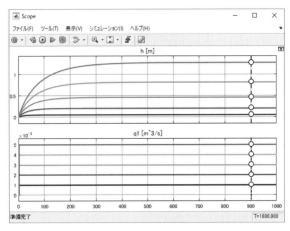

図 3.37 液位プロセスモデル（非線形）と出力結果

　図の出力結果から，ステップ入力の大きさを一定に変化させても，出力の応答速度や出力の大きさが一定ではないことがわかる。3.5 節で，システムパラメータとの入出力の関係を解析する場合には，ラプラス変換が有効であることを述べた。しかし，ラプラス変換は線形微分方程式にしか適用することができない。解析や制御系設計のために非線形微分方程式を線形化することは重要である。ここでは，線形化の一例を示そう。

　式を見やすくするために $u(t) = q_1(t)$，$y(t) = h(t)$ とする。入出力が平衡状態で u_0，y_0 であるとする。平衡状態からの変動量を $u_\Delta(t)$，$y_\Delta(t)$ とすれば，$u(t)$ および $y(t)$ は次式のように表すことができる。

$$u(t) = u_0 + u_\Delta(t) \tag{3.101}$$

$$y(t) = y_0 + y_\Delta(t) \tag{3.102}$$

式 (3.99) に上記の関係を代入すると次式を得る。

$$C\frac{dy_\Delta(t)}{dt} = u_0 + u_\Delta(t) - Z\sqrt{2g}\sqrt{y_0 + y_\Delta(t)} \tag{3.103}$$

ここで，$f(y_\Delta(t)) = \sqrt{y_0 + y_\Delta(t)}$ とし，$f(y_\Delta(t))$ を $y_\Delta(t) = 0$ 周りでマクローリン展開[†1]して，一次の項で打ち切ると[†2]次式を得る。

$$f(y_\Delta(t)) = \sqrt{y_0 + y_\Delta(t)} \simeq \sqrt{y_0} + \frac{1}{2\sqrt{y_0}}y_\Delta(t) \tag{3.104}$$

したがって，式 (3.100) の右辺第 2 項は，平衡点周りで次式のように近似できる。

$$Z\sqrt{2g}\sqrt{y_0 + y_\Delta(t)} \simeq Z\sqrt{2g}\left\{\sqrt{y_0} + \frac{1}{2\sqrt{y_0}}y_\Delta(t)\right\} = Z\sqrt{2gy_0} + Z\sqrt{\frac{g}{2y_0}}y_\Delta(t) \tag{3.105}$$

式 (3.105) の結果を式 (3.103) に代入すると次式を得る。

$$C\frac{dy_\Delta(t)}{dt} = u_0 + u_\Delta(t) - \left\{Z\sqrt{2gy_0} + Z\sqrt{\frac{g}{2y_0}}y_\Delta(t)\right\} \tag{3.106}$$

また，平衡状態で $u_\Delta(t) = 0$，$y_\Delta(t) = 0$ であるから式 (3.106) より

$$u_0 - Z\sqrt{2gy_0} = 0 \tag{3.107}$$

が成り立つ。したがって式 (3.106) は

$$C\frac{dy_\Delta(t)}{dt} = u_\Delta(t) - Z\sqrt{\frac{g}{2y_0}}y_\Delta(t) \tag{3.108}$$

となる。いま

$$R_0 = \frac{1}{Z}\sqrt{\frac{2y_0}{g}} \tag{3.109}$$

とおくと

$$C\frac{dy_\Delta(t)}{dt} = u_\Delta(t) - \frac{1}{R_0}y_\Delta(t) \tag{3.110}$$

となり，近似的に平衡点周りの動作を線形微分方程式として得ることができた。

平衡点周りにおける微分方程式のラプラス変換を行い伝達関数を計算すると次式を得る。

$$G(s) = \frac{R_0}{1 + CR_0 s} \tag{3.111}$$

[†1]　コーヒーブレイクを参照のこと。
[†2]　平衡点からの変動が微小であると仮定している。

コーヒーブレイク

テイラー展開とマクローリン展開

関数 $f(x)$ が x について無限回微分可能であるとする。x_0 周りで次式のテイラー級数を得ることを**テイラー展開**と呼ぶ。

$$f(x_0) = c_0 + c_1(x - x_0) + c_2(x - x_0)^2 + c_3(x - x_0)^3 + \cdots \tag{3.112}$$

このとき，各係数は次式によって計算される。

$$c_0 = f(x_0), \; c_1 = \frac{f'(x_0)}{1!}, \; c_2 = \frac{f^{(2)}(x_0)}{2!}, \; c_3 = \frac{f^{(3)}(x_0)}{3!}, \cdots \tag{3.113}$$

特に，$x_0 = 0$ のときのテイラー展開を**マクローリン展開**と呼ぶ。得られたテイラー級数から

$$f(x_0) \simeq c_0 + c_1(x - x_0) \tag{3.114}$$

として x の二次の項以降を無視することで，$f(x)$ を平衡点周り x_0 で線形近似することができる。これらの手法は非線形関数の線形化手法としてよく用いられている。

$f(y_\Delta(t)) = \sqrt{y_0 + y_\Delta(t)}$ のマクローリン展開を行ってみよう。まず，$y_\Delta(t)$ の一次の項までの係数は，それぞれ

$$c_0 = f(0) = \sqrt{y_0} \tag{3.115}$$

$$c_1 = \frac{f'(0)}{1!} = f'(0) \tag{3.116}$$

ここで，$f'(0)$ は $x = y_0 + y_\Delta(t)$ として

$$\left.\frac{df(y_\Delta(t))}{dy_\Delta(t)}\right|_{y_\Delta(t)=0} = \left.\frac{dx^{1/2}}{dx}\frac{dx}{dy_\Delta(t)}\right|_{y_\Delta(t)=0} = \left.\frac{1}{2}x^{-1/2}\cdot 1\right|_{y_\Delta(t)=0} = \frac{1}{2\sqrt{y_0}} \tag{3.117}$$

したがって

$$f(y_\Delta(t)) = \sqrt{y_0 + y_\Delta(t)} \simeq \sqrt{y_0} + \frac{1}{2\sqrt{y_0}}y_\Delta(t) \tag{3.118}$$

例として平衡点 $y_0 = 0.5$ 周りでのマクローリン展開の例を図 **3.38** に示す。図より，$y_\Delta(t) = 0$ 付近で関数と近似直線が最も一致していることがわかる。

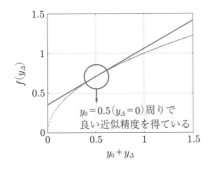

図 **3.38** $f(y_\Delta(t))$ の $y_0 = 0.5$ 周りでのマクローリン展開の例

式 (3.109) および式 (3.111) の結果から，出力の平衡点 y_0 が変わると，その影響は平衡点周りの線形モデルにおける時定数やシステムゲインに影響を及ぼすことがわかる。これはシステムの応答速度や入力に対する出力感度が平衡点によって異なることを示しており，例えば制御系設計などにおいては非常に重要な情報となる。

章 末 問 題

【1】 3.3.1 項で取り上げたタンクシステムを考える。ただし，図 **3.39** のように液位センサをタンクの底から d [m] 浮かせた位置に設置している。実際の液位が $[0\,\mathrm{m}, d\,\mathrm{m}]$ の間はセンサ出力が 0 となるため，この区間を不感帯と呼ぶ。また，センサ出力は電圧 [V] であり，その変換係数が α [V/m] で与えられたとする。システムパラメータが，**表 3.15** として与えられたとき，つぎの演習を行え。

(**1**) 不感帯を考慮した実際の液位とセンサの出力の関係式を導出せよ。

(**2**) (1) に対応する，センサモデルを作成せよ。

(**3**) 3.3.1 項のシミュレーションモデルに (2) で得られたセンサモデルを追加せよ。また，$q_{1\Delta}(t) = 1 \times 10^{-5}\,(t \geqq 1)$ なるランプ入力を印加したときのシミュレーションを行え。

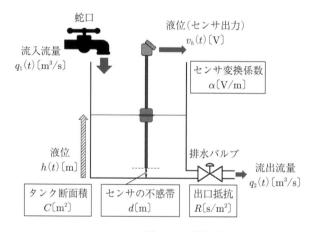

図 **3.39** 液位プロセスモデル（センサあり）

時間変動する物理量		単 位
流入流量	$q_1(t)$	$\mathrm{m^3/s}$
流出流量	$q_2(t)$	$\mathrm{m^3/s}$
液 位	$h(t)$	m
液位センサ出力電圧	$v_h(t)$	V

表 **3.15** タンクシステムのパラメータ

システムパラメータ		値	単 位
タンク直径	D	0.5	m
タンク高さ	H	1	m
出口抵抗	R	500	$\mathrm{s/m^2}$
不感帯	d	0.05	m
センサ変換係数	α	5	V/m

【2】 図 **3.40** のように，慣性モーメント J の物体に回転力（トルク）$\tau(t)$ を与えると，次式の回転の運動方程式に従って回転運動する。

$$J\frac{d^2\theta(t)}{dt^2} = \tau(t) - D\frac{d\theta(t)}{dt} \tag{3.119}$$

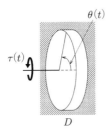

時間変動する物理量		単 位
入力トルク	$\tau(t)$	N·m
回転角	$\theta(t)$	rad

システムパラメータ		単 位
慣性モーメント	J	kg·m^2
粘性減衰係数	D	kg·m^2/(rad/s)

図 3.40 1 慣性系（物理モデル）

一方，図 **3.41** に示すようなシステムを 2 慣性系と呼ぶ。システムパラメータが，**表 3.16** として与えられるとき，つぎの演習を行え。ただし，Simulink のソルバータイプは「固定ステップ」とし，基本サンプル時間を $1\,\mathrm{ms}$ に設定する。

(1) 慣性体 1 と慣性体 2 について，それぞれ微分方程式を導出せよ。

(2) (1) の微分方程式に対応する，シミュレーションモデルを作成せよ。

(3) $\tau_1(t) = 1 \ (t \geqq 1)$, $\tau_2(t) = -1 \ (t \geqq 15)$ なるステップ入力を印加したときのシミュレーションを行え。

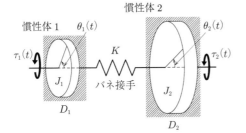

時間変動する物理量		単 位
入力トルク 1	$\tau_1(t)$	N·m
入力トルク 2	$\tau_2(t)$	N·m
回転角 1	$\theta_1(t)$	rad
回転角 2	$\theta_2(t)$	rad

図 3.41 2 慣性系（物理モデル）

表 3.16 2 慣性系のパラメータ

システムパラメータ		値	単 位
慣性モーメント 1	J_1	1×10^{-2}	kg·m^2
慣性モーメント 2	J_2	1×10^{-2}	kg·m^2
粘性減衰係数 1	D_1	2×10^{-2}	N·m/(rad/s)
粘性減衰係数 2	D_2	2×10^{-2}	N·m/(rad/s)
ねじりバネ定数	K	1×10^{-1}	N·m/rad

【3】 つぎのラプラス変換を示せ。ただし，$f(t)$ のラプラス変換を $[f(t)] = F(s)$ とし，信号の初期値 $f(0) = 0$ とする。

(1) $\mathcal{L}\left[e^{-at}\right] = \dfrac{1}{a+s}$

(2) $\mathcal{L}\left[\dfrac{df(t)}{dt}\right] = sF(s)$ (ヒント：部分積分の公式を用いてみよう。)

(3) $\mathcal{L}\left[\displaystyle\int_{0}^{t} f(\tau)d\tau\right] = \dfrac{1}{s}F(s)$ (ヒント：部分積分の公式を用いてみよう。)

4 MILS

　4章では，DCモータ制御システムを題材として，**MILS**（Model-In-the-Loop Simulation）の流れを理解しよう。通常，システムは，複数の要素（あるいはサブシステム）により構成される。MILSではこれらの要素をすべて実行可能な仕様書（シミュレーションモデル）として記述しなければならい。本章では，制御システムを構成する要素（DCモータ，センサ，A–D変換器，パルス発生器，制御アルゴリズムなど）をすべてモデル化し，これらの結合からなるシステムの振舞いを，シミュレーションによって検証する。MILSでは，パラメータやシステム構成の変更を容易に行うことができ，さらに，これらの変更の影響をコンピュータを用いて即座に検証できる。モデルを用いた検証では，高価な部品やシステムを破損するリスクがなく，大胆な設計変更やパラメータの変更ができる。そのため，MILSによって設計者のさまざまなアイディアを容易に試すことができるようになり，革新的なシステムの創出も期待できる。MILSは設計の自由度がきわめて高いため，本章では最も基本的な設計方法についてしか触れないが，学習する内容をしっかりと理解し，今後，より高度な設計手法を読者みずから会得されたい。

4.1　V字開発プロセス

　MBDで重要となる**V字開発プロセス**について概観しよう。MBDでは，製品企画から製品完成までの一連の工程が，**図 4.1** に示すV字開発プロセスに沿って行われる。V字開発プ

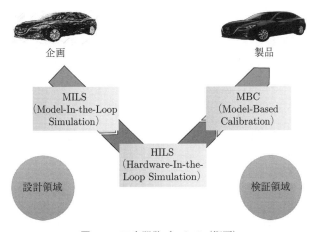

図 **4.1**　V字開発プロセス（概要）

ロセスの左バンクは設計領域と呼ばれ，**モデルとシミュレーション**を用いた机上での設計を中心に開発が行われる。一方，右バンクは検証領域と呼ばれ，ハードウェアを用いて左バンクで設計された機能の検証を行う。V字開発プロセスにおける用語を，**図4.2**を用いて詳しく見てみよう。

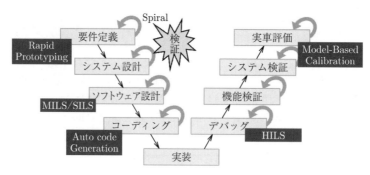

図4.2 V字開発プロセス（詳細）

〔**1**〕**MILS**　制御対象と制御装置の両方をモデル化し，それらを組み合わせて机上シミュレーションで開発する手法である。一般に，制御対象モデルを**プラントモデル**，制御装置モデルを**コントローラモデル**と呼ぶことが多い。制御工学における制御設計手法そのものといえるが，実際の自動車制御の開発の中では，シミュレーションする範囲やモデルの詳細度，また適用する工程に応じて多様な手法を採用する。なお，制御装置として実際に**ECU**（Electric Control Unit）[†1]のマイコンに実装するソースコードを用いるものを**SILS**（Software-In-the-Loop Simulation）と呼ぶ。

〔**2**〕**HILS（Hardware-In-the-Loop Simulation）**　MILSで得られたモデルの一部をハードウェアに置き換えて検証を行う手法である。例えば，コントローラモデルを実際のハードウェアであるECUに実装し，その動作を検証する（詳しくは5章を参照のこと）。ECU以外の要素は，実際のプラントではなくモデル（上記の例の場合，プラントモデル）を利用する。ただし，ECUとプラントモデルは，A–D変換器などのインタフェースを介して接続しなければならない。そのため，プラントモデルは多様なインタフェースをもち，かつ，モデルをリアルタイムで実行可能なシミュレータに実装される。このようなシミュレータを**HILシミュレータ**と呼ぶ。HILシミュレータを用いることで，高額な試作車両や実験設備を用いた評価を削減できるため，HILSは最初に導入されるMBD手法となることも多い（図**4.3**）[†2]。本書では5章で実習を通して説明する。

[†1] Engine Control Unit を指す場合もあるが，ここではエンジン制御も含めた，より汎用的な制御ユニットを考えている。
[†2] 近年では，マイコン内部の演算器や周辺機能，ECUの電子回路もモデル化してシミュレーションする手法の研究開発が活発に行われている。

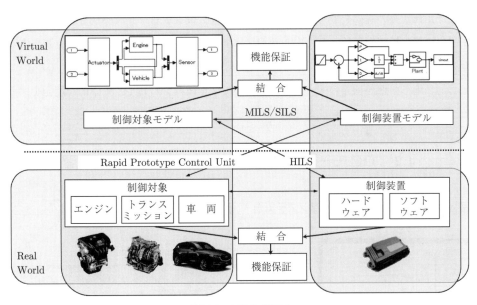

図 4.3 MBD 相関図

〔3〕 **MBC（Model-Based Calibration）** MILS, HILS はシステムの特徴や本質をとらえたモデルに基づく開発である。しかしながら，燃焼などの詳細な数式化が困難な現象（例えばエンジン）に対しては，実際の試験を通じた特性の把握とパラメータ チューニング（適合）を行うことがある。例えば，統計モデルを組み合わせることにより適合用モデルを作成し，得られたモデルと**実験計画法**を組み合わせることで効率的に高精度な特性を得る手法などがある。また，実験設備を自動化することで，より効率的な適合作業が可能となる。本書では実習としての MBC は取り扱わない。ただし，6 章ではその手続きの概略を説明しているので参考にされたい。

〔4〕 **Rapid Prototyping** 制御対象（実機）に，制御装置のモデルのシミュレーションと電気信号の入出力を行う汎用の ECU をつないで開発する手法である。この手法は，**RCP**（Rapid Control Prototyping）と呼ばれることもある。制御対象が複雑でそのモデル化が難しい場合などに，制御装置はモデルで素早く反復開発することで，最終的な ECU に必要な機能を早期に見きわめることに用いる。なお，制御装置モデルのシミュレーションをこの汎用 ECU の CPU 上で実行させるために，モデルから自動的にソースコードを生成する技術（以下，自動コード生成）が用いられるが，これを最終的な ECU のマイコンへの実装工程に適用する例も多い。本書では RCP については取り扱わない。

MILS/SILS, HILS, RCP の関係性について別の角度からながめてみよう。図 4.3 から，コンピュータによってシミュレーション可能な仮想世界（Virtual World）のモデルと，現実世界（Real World）のハードウェアは相互に接続可能であることがわかる。例えば，プラ

ントモデルに実際の制御装置を接続することにより，コントローラ（ハードウェア・ソフトウェア）の機能検証を目的としたものが HILS である。一方，コントローラモデルを実際のプラントに接続し，アルゴリズムの機能検証を目的としたものが RCP である。このように，検証目的に応じて仮想世界のモノと現実世界のモノを組み合わせて，効率的な開発をするということが MBD の本質といえるであろう。

4.2　DC モータ制御システムを用いた MILS の実習

図 4.4 に示す DC モータ制御システムを V 字開発プロセスに従って開発しよう。

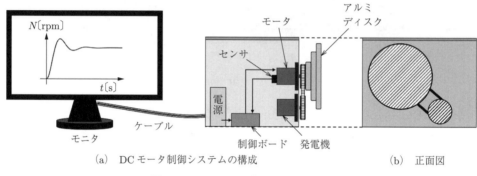

(a)　DC モータ制御システムの構成　　　　　　　(b)　正面図

図 4.4　DC モータ制御システムの概観

4.2.1　DC モータ制御システム

図 4.4 は設計を行いたい実験装置の概観を示している。モータへの負荷として 3 枚のアルミディスクがつながっており，アルミディスクの枚数に応じて負荷の慣性モーメントを変更することができる。また，DC モータの回転数や電流を計測するセンサ，DC モータの速度制御を行う制御ボード，さらに，システムに電力を供給するための直流安定化電源を設置する†。

4.2.2　要 件 定 義

システムを構成するハードウェア，ソフトウェアに対する要件を以下にまとめる。

〔1〕　部品に関する要件　　主たる部品に関しては，あらかじめ選定されているものとする。部品に関する仕様は各モデル作成時に提示する。もし，選定されている部品を結合した際に部品間の仕様に関して不具合が生じた場合，新たな機能モデルを追加し，実際の部品リストに追加する。

---

† 図中の発電機の負荷は一定とする。この要素は，おもにモータの回転運動における粘性減衰係数の値に影響する。

〔**2**〕　**コントローラに関する要件**　　ユーザが目標回転数 SV〔rpm〕を指示できるとする。モータの回転数フィードバック制御を行うとき，モータの回転数 $N(t)$ がステップ状の目標回転数 SV に到達するまでの軌跡は，図 **4.5** のように表すことができる。

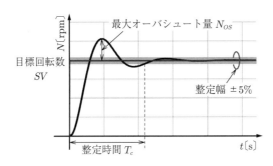

図 **4.5**　コントローラの要件定義

図 4.5 に示す制御システムの特性を以下のように定義する。

整定時間 T_c〔s〕　　制御システムの応答性能に関わる物理量である。ステップ状の目標回転数 SV が与えられてから，回転数 N が SV の ±5% 範囲内に整定するまでの時間†とする。

最大オーバシュート量 N_{OS}〔rpm〕　　制御システムの減衰特性に関わる物理量。ステップ状の目標回転数 SV と回転数 N の最大値との差とする。

ユーザは，コントローラに含まれる制御パラメータを調整することにより，上記の特性を任意に調整できるものとする。

4.2.3　DC モータ制御システムの機能とブロック線図

MILS によるシミュレーションを実現するには，DC モータ制御システムを構成する要素どうしの関連性を明らかにしなければならない。このような場合，図 **4.6** のように，要素をブロック，信号を矢印で表し相互結合した**ブロック線図**を用いるとよい。本実習では，各モデルにおける入出力信号の物理量とその単位はブロック線図に記載されているものに従うものとする。アルゴリズムブロックにおける内部計算においては，大括弧内の物理量に変換を行ったうえで演算を行い，演算結果を USB 通信を用いてモニタへ出力する。一般的にシステムの多くは A–D・D–A 変換器（あるいはパルス発生器）を境界として制御器（コントローラ）と制御対象（プラント）に分けることができる。MBD では図 4.6 の場合，左側の要素やサブシステムの組合せをコントローラモデル，右側をプラントモデルと呼ぶ。

---

†　オーバシュート量やアンダシュート量が，図 4.5 の円で囲まれた ±5% を示す領域を超えなくなるまでの時間と考えればよい。

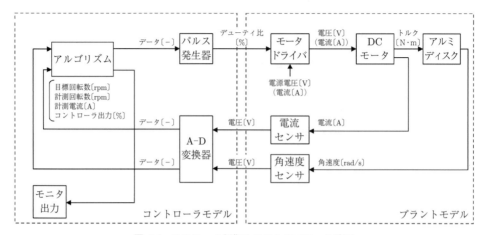

図 **4.6** DC モータ制御システムのブロック線図

4.2.4 設 計 の 手 順

本章で実現するシステムは，3章とは異なり，複数のサブシステムの組合せによって実現される。しかしながら，いきなりすべてのサブシステムを作成して結合すると，不具合が発生したときのデバッグに時間を要する。そのため，まずは，個々のサブシステムを設計し，**単体テスト**によって，サブシステムごとに動作を検証する。つぎに，サブシステムどうしを結合し，動作検証である**結合テスト**を行う。本実習では，プラントモデルとコントローラモデルの双方で個別に結合テストを行う。そのあと，結合テスト済みのプラントモデルとコントローラモデルの結合を行い，動作を検証する。

ファイルの管理を行いやすくするために，Test フォルダ内に「MILS」フォルダを作成したのち，MILS フォルダ内に以下のサブフォルダを作成する（**図 4.7**）。

図 **4.7** MILS のサブフォルダ

| MILS_Components | 各サブシステムのフォルダを作成し，保存するためのフォルダ。 |
| MILS_CombiredTest | サブシステムどうしの結合テスト用フォルダを作成し，保存するためのフォルダ。 |

4.3　DC モータ・ディスクモデルの要素設計（プラントモデル）

　プラントモデルを構成する各サブシステムのモデルを，単体テストによる動作確認を行いながら作成しよう。

4.3.1　DC モータ・ディスクモデル

〔**1**〕**部 品 仕 様**　DC モータとアルミディスクの物理モデルを図**4.8**に，信号およびシステムパラメータの一覧を表**4.1**，表**4.2**に示す。ここで，実際の DC モータとアルミディスクのシステムパラメータが表**4.3**のように与えられたとする。ただし，ここでは，ディスク3枚分の慣性モーメントをまとめて J_I として取り扱っている。

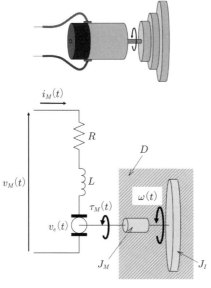

図 4.8　DC モータ・ディスクモデル
（物理モデル）

表 4.1　時間変動する物理量

物理量		単 位
印加電圧	$v_M(t)$	V
電 流	$i_M(t)$	A
逆起電力	$v_e(t)$	V
発生トルク	$\tau_M(t)$	N·m
角速度	$\omega(t)$	rad/s

表 4.2　システムパラメータ

システムパラメータ		単 位
電気抵抗	R	Ω
インダクタンス	L	H
逆起電力定数	K_e	V/(rad/s)
トルク定数	K_τ	N·m/A
慣性モーメント（電機子）	J_M	kg·m^2
慣性モーメント（アルミディスク）	J_I	kg·m^2
粘性減衰係数	D	N·m/(rad/s)

表 4.3　DC モータ・ディスクモデルのパラメータ

定　格		値	単　位
電圧（連続）	$v_{M\,\max}(t)$	24	V
電流（連続）	$i_{M\,\max}(t)$	1.1	A
システムパラメータ		値	単　位
電気抵抗	R	5.7	Ω
インダクタンス	L	0.2	H
逆起電力定数	K_e	7.16×10^{-2}	V/(rad/s)
トルク定数	K_τ	7.2×10^{-2}	N·m/A
慣性モーメント（電機子）	J_M	1.1×10^{-4}	kg·m^2
慣性モーメント（アルミディスク）	J_I	1.3×10^{-3}	kg·m^2
粘性減衰係数	D	6.0×10^{-5}	N·m/(rad/s)

〔**2**〕**モデリング**　数理モデリングのために次式のような物理法則を導入する。

$$\text{キルヒホッフの法則}: v_M(t) = Ri_M(t) + L\frac{di_M(t)}{dt} + v_e(t) \tag{4.1}$$

$$\text{回転の運動方程式}^\dagger: J\frac{d\omega(t)}{dt} = \tau_M(t) - D\omega(t) \tag{4.2}$$

ただし，$J = J_I + J_M$ である。DC モータにおける逆起電力 $v_e(t)$ と発生トルク $\tau_M(t)$ には，次式の関係がある。

$$\tau_M(t) = K_\tau i_M(t) \tag{4.3}$$

$$v_e(t) = K_e\omega(t) \tag{4.4}$$

式 (4.3)，(4.4) より，DC モータは流れた電流量に比例した回転力（トルク）を発生し，また，回転速度に比例して起電力が発生することを示している。式 (4.3)，(4.4) を式 (4.1)，(4.2) に代入するとつぎの 2 式を得る。

$$v_M(t) = Ri_M(t) + L\frac{di_M(t)}{dt} + K_e\omega(t) \tag{4.5}$$

$$J\frac{d\omega(t)}{dt} = K_\tau i_M(t) - D\omega(t) \tag{4.6}$$

式 (4.5)，(4.6) を変形することで次式を得る。

$$\frac{di_M(t)}{dt} = \frac{1}{L}\{v_M(t) - Ri_M(t) - K_e\omega(t)\} \tag{4.7}$$

$$\frac{d\omega(t)}{dt} = \frac{1}{J}\{K_\tau i_M(t) - D\omega(t)\} \tag{4.8}$$

---

† 回転の運動方程式については，3 章の章末問題【**2**】を参照のこと。

〔**3**〕　**Simulink モデルの設計および単体テスト**　　Simulink を起動して DC モータ・ディスクモデルを実現しよう。まず，つぎの手順でフォルダとファイルを作成する。

❶　「`MILS_Components`」フォルダの中に「`DCMotorDisk`」フォルダを作成する。

❷　新規 Simulink モデルを作成し，「`DCMotorDisk_sim.slx`」として保存する。

❸　新規 m ファイルを作成し，「`DCMotorDisk.m`」として保存する。

式 (4.7)，(4.8) から，サブシステムとして図 **4.9** のような構造を持つ図 **4.10** の Simulink モデルが設計できる。設計の手順が不明な場合は，もう一度，3 章に戻って復習をしてほしい。得られた Simulink モデルに表 4.3 のパラメータを設定し[†]，モデルの動作を確認する。

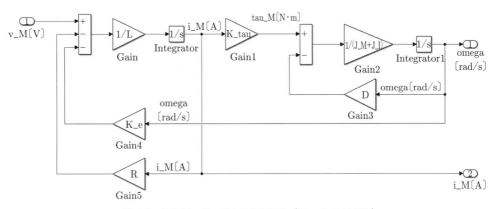

図 **4.9**　DC モータ・ディスクモデル（Simulink モデル）

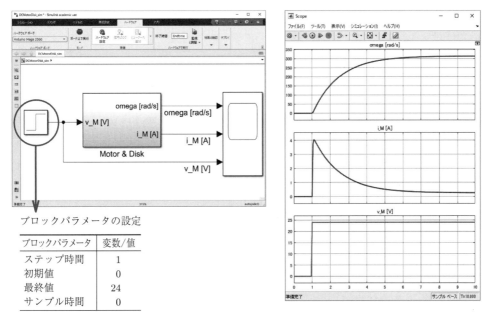

図 **4.10**　DC モータ・ディスクモデルの単体テスト

[†]　本章におけるシミュレーションでは，ソルバーの設定を「固定ステップソルバー」とし，そのステップサイズを「0.05 s」に設定している。ソルバーの設定については，2.3.4 項を参照のこと。

このときの m ファイルの設定を**プログラム 4–1** に示す。

```
──────── プログラム 4–1 (DCMotorDisk.m) ────────


%モータ・ディスクモデル(単体テスト)
clear
close all
clc

%------------ システムパラメータ(モータ・ディスクモデル) ------------
%システムパラメータ(モータ特性)
R = 5.7;          %電機抵抗 [Ω]
L = 0.2;          %インダクタンス [H]
K_e = 7.16e-2;    %逆起電力定数 [V/(rad/s)]
K_tau = 7.2e-2;   %トルク定数 [N・m/A]
J_M = 0.11e-3;    %慣性モーメント [kg・m^2]

%システムパラメータ(ディスク特性)
J_I = 1.3e-3;  %慣性モーメント [kg・m^2]
D = 6.0e-5;    %粘性減衰係数 [N・m/(rad/s)]

%------------ 入力(モータ・ディスクモデル) ------------
%入力
v_M = 24;  %印加電圧 [V]

%------------ シミュレーションの実行 ------------
Endtime = 10;               %シミュレーション終了時刻
filename = 'DCMotorDisk_sim';  %Simulink ファイル名
open(filename)              %Simulink オープン
sim(filename)              %Simulink 実行

```

図 4.10 に，入力として連続定格電圧の $v_M(t) = v_{M\max}(t) = 24$ $(t \geq 1)$ を印加したときの結果を示す。この結果より，ステップ状の電圧に対して，おおむね 10 s 程度で最終速度に収束していることがわかる。また，瞬間的に 4 A 程度の電流が流れていることから，瞬間的には $24\,\mathrm{V} \times 4\,\mathrm{A} \fallingdotseq 100\,\mathrm{W}$ 程度の電源容量が必要になることがわかる。また，回転数は約 $320\,\mathrm{rad/s} \fallingdotseq 3\,060\,\mathrm{rpm}$ であり，外からの力によって加速されないかぎり，定格電圧の範囲内ではこれ以上の速度は発生しない。ただし，実際のパラメータとモデルパラメータには誤差（モデル化誤差）があるので，注意する必要がある。

4.3.2 センサモデル（タコジェネレータ）

〔1〕 **部 品 仕 様**   センサは，ある物理量を電気信号（電圧，電流，パルス）に変換する素子である。タコジェネレータは回転数センサの一種であり，回転数（回転速度）を電圧に変換する。タコジェネレータの物理モデルを**図 4.11** に，信号およびシステムパラメータの一覧を**表 4.4**，**表 4.5** に示す。部品の仕様書から，タコジェネレータのセンサ係数が**表 4.6**

図 **4.11**　タコジェネレータモデル
（物理モデル）

表 **4.4**　時間変動する物理量

物理量		単　位
角速度	$\omega(t)$	rad/s
回転数	$N(t)$	rpm
出力電圧	$v_N(t)$	V

表 **4.5**　システムパラメータ

システムパラメータ		単　位
センサ係数	α_T	V/rpm

┌─ コーヒーブレイク ─┐

ブロックマスク

　Simulink では作成したモデルのマスクを作成することができる。マスク化されたブロックは，ダブルクリック時に通常の Simulink ブロックと同様にブロックパラメータダイアログが表示され，パラメータを直接編集できるようになる（**図 4.12**）。マスク化の詳細な手順については，Mathworks 社のホームページなどを参考されたい。

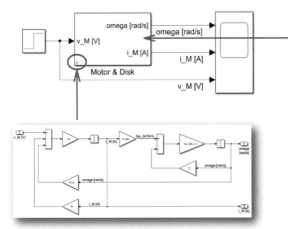

矢印⬇をクリックするとマスク化されたモデルが表示

モデルをダブルクリックするとブロックパラメータダイアログボックスが表示され，マスク内のモデルの変数の値を指定可能（ダイアログボックスの内容はユーザが事前に編集）

図 **4.12**　マスク化されたモータ・ディスクモデル

表 **4.6**　タコジェネレータモデルパラメータ

定　格		値	単　位
入力回転数　$N_{\max}(t)$		6 000	rpm
システムパラメータ		値	単　位
センサ係数　α_T		$\dfrac{1.5}{1\,000}$	V/rpm

のように与えられたとき，$1\,000$ rpm 当り 1.5 V の出力が得られることがわかる。

〔**2**〕　**モデリング**　　センサの入出力特性に遅れがないとすれば，DC モータの回転数 $N(t)$ とセンサ出力 $v_N(t)$ には次式の関係が成立する。

$$v_N(t) = \alpha_T N(t) \tag{4.9}$$

しかし，先ほどの DC モータモデルでは角速度 $\omega(t)$ が出力されるため，モデルを結合することができない。そのため，タコジェネレータモデルでは，入力された角速度 $\omega(t)$ を回転数 $N(t)$ に変換し，$v_N(t)$ を算出する。角速度 $\omega(t)$ と回転数 $N(t)$ の関係は次式で与えられる。

$$N(t) = \frac{60}{2\pi}\omega(t) \tag{4.10}$$

式 (4.10) を式 (4.9) に代入すると

$$v_N(t) = \alpha_T \cdot \frac{60}{2\pi}\omega(t) \tag{4.11}$$

を得る。

〔**3**〕　**Simulink ファイルの設計および単体テスト**　　Simulink を起動してタコジェネレータモデルを実現しよう。まず，つぎの手順でフォルダとファイルを作成する。

❶　「MILS_Components」フォルダの中に「Tachogenerator」フォルダを作成する。

❷　新規 Simulink モデルを作成し，「Tachogenerator_sim.slx」として保存する。

❸　新規 m ファイルを作成し，「Tachogenerator.m」として保存する。

式 (4.11) から，図 **4.13** のような構造を持つ図 **4.14** の Simulink モデルが設計できる。

得られた Simulink モデルに表 4.6 のパラメータを設定し，モデルの動作を確認する。このときの m ファイルの設定を**プログラム 4–2** に示す。

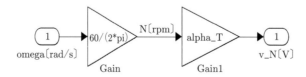

図 **4.13**　タコジェネレータモデル（Simulink モデル）

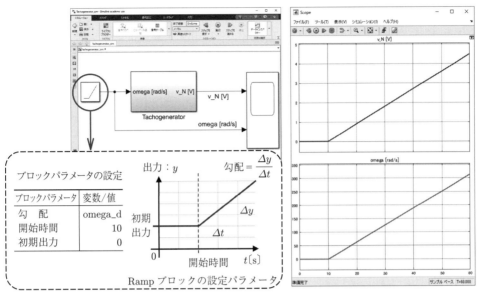

図 **4.14**　タコジェネレータモデルの単体テスト

―――――― プログラム **4–2** (Tachogenerator.m) ――――――

```
%タコジェネレータモデル(単体テスト)
clear
close all
clc

%------------ システムパラメータ(タコジェネレータモデル) ------------
alpha_T = 1.5/1000; %変換係数 [V/rpm]

%------------ 入力(タコジェネレータモデル) ------------
omega_d = 2*pi;      %角速度の勾配(角加速度) [rad/s^2]

%------------ シミュレーションの実行 ------------
%シミュレーション終了時間 [s]
Endtime = 60;
%Simulink 起動
filename = 'Tachogenerator_sim';
open(filename)
sim(filename)
```

　ここでは，センサへの入力としてランプ状の入力を与える。勾配（すなわち角加速度）を
2π と設定したときの結果を図 4.14 に示す。結果から角速度に対応した電圧が遅れなく出力
されていることがわかる。

4.3.3 モータドライバモデルと電流センサ

〔**1**〕 **部 品 仕 様** DCモータをコンピュータを用いて動作させるとき，コンピュータからの出力される信号（**PWM信号†**）に応じて電力を増幅するアンプ（**モータドライバ**）が必要である。モータドライバの物理モデルを図 **4.15** に，信号およびシステムパラメータの一覧を**表 4.7**，**表 4.8** に示す。本実習で使用するモータドライバは，モータ（ドライバ）に流れる電流を電圧信号に変換する電流センサ機能をもつ。部品の仕様書から，モータドライバの電流‒センサ電圧の変換係数（センサ係数）が**表 4.9** のように与えられたとしよう。

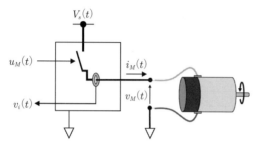

図 4.15 モータドライバモデル（物理モデル）

表 4.7 時間変動する物理量

物理量		単 位
デューティ比	$u_M(t)$	%
アンプ出力電圧	$v_M(t)$	V
電流センサ電圧	$v_i(t)$	V
外部電源電圧	$V_s(t)$	V

表 4.8 システムパラメータ

システムパラメータ		単 位
センサ係数	α_i	V/A

表 4.9 モータドライバモデルのパラメータ

定格		値	単 位
電流（連続）	$i_{c\,\max}$	12	A
電流（ピーク）	$i_{p\,\max}$	30	A
電 圧	$V_{s\,\max}$	24	V

システムパラメータ		値	単 位
センサ係数	α_i	$\dfrac{5}{37.5}$	V/A

〔**2**〕 **モデリング** アンプの出力電圧 $v_M(t)$ は，外部から供給される直流電源電圧 $V_s(t)$ と，アンプに入力されたPWM信号のデューティ比 $u_M(t)$ から次式に基づき決定される。

$$v_M(t) = \frac{u_M(t)}{100} \times V_s(t) \tag{4.12}$$

ただし，$0 \leqq u_M(t) \leqq 100$ でなければならない。電源容量が十分に大きければモータに流れる電流とモータドライバに流れる電流は等しい。したがって，電流センサの出力電圧は

$$v_i(t) = \alpha_i i_M(t) \tag{4.13}$$

となる。

---

† PWM信号についてはコーヒーブレイクを参照のこと。

〔3〕 **Simulinkファイルの設計および単体テスト** Simulinkを起動してモータドライバモデルを実現しよう。下記の手順でフォルダとファイルを作成する。

❶ 「`MILS_Components`」フォルダの中に「`MotorDriver`」フォルダを作成する。

❷ 新規Simulinkモデルを作成し，「`MotorDriver_sim.slx`」として保存する。

❸ 新規mファイルを作成し，「`MotorDriver.m`」として保存する。

式(4.12)，(4.13) より，図 **4.16** のような構造を持つSimulinkモデルが得られる。このSimulinkモデルに表4.9のパラメータを設定し，モデルの動作を確認する。このときのmファイルの設定を**プログラム4-3**に示す。

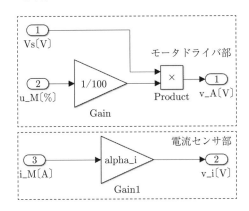

図 **4.16** モータドライバモデル
（Simulink モデル）

┌─ **コーヒーブレイク** ─────────────────────────────

PWM信号

パルス波の周期（または周波数）を一定として，1周期中の信号のON時間が可変な信号を**PWM**（Pulse Width Modulation）信号と呼ぶ（**図4.17**）。PWM信号はDCモータの駆動方法として一般的な方法であり，ECUに搭載されたパルス発生器の多くはPWM信号を発生する。ここで，1周期当りのON時間の占める割合を**デューティ比**と呼ぶ。PWM周波数 f_P とPWM周期 T_P には，$f_P = 1/T_P$ の関係がある。したがって，どちらかの値を設定すればもう片方の値は自動的に決まる。

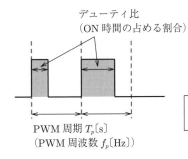

図 **4.17** PWM信号

━━━━━━━ プログラム **4–3** (MotorDriver.m) ━━━━━━━

```
%モータドライバモデル(単体テスト)
clear
close all
clc

%------------ システムパラメータ(モータドライバモデル(電流センサ)) ------------
alpha_i = 5/37.5; %センサ係数 [V/A]

%------------ 入力(モータドライバモデル) ------------
Vs = 24;      %電源電圧 [V]

u_M_d = 10; %入力信号の勾配 [%/s]
i_M_d = 3;   %電流の勾配 [A/s]

%------------ シミュレーションの実行 ------------
%シミュレーション終了時間 [s]
Endtime = 10;
%Simulink 起動
filename = 'MotorDriver_sim';
open(filename)
sim(filename)
```

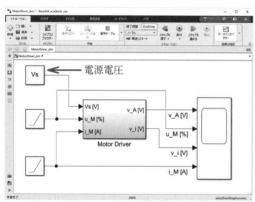
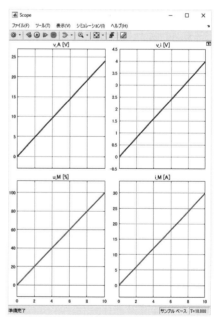

ブロックパラメータの設定

Ramp(u_M〔%〕)	
ブロックパラメータ	変数/値
勾　配	u_M_d
開始時間	0
初期出力	0

Ramp(i_M〔A〕)	
ブロックパラメータ	変数/値
勾　配	i_M_d
開始時間	0
初期出力	0

図 **4.18**　モータドライバモデルの単体テスト

モータドライバへの供給電圧として $V_s(t) = 24\,\mathrm{V}$，信号入力として，それぞれランプ状の入力を与える。PWM信号の勾配を10と設定したときの結果を**図4.18**に示す。結果から$[0\%,\ 100\%]$の入力信号が$[0\,\mathrm{V},\ 24\,\mathrm{V}]$の出力電圧に増幅されていることがわかる。同じく，電流の勾配を3とすると，$[0\,\mathrm{A},\ 30\,\mathrm{A}]$の入力信号が$[0\,\mathrm{V},\ 4\,\mathrm{V}]$のセンサ出力電圧として取り出せていることがわかる。

4.3.4　プラントモデル結合テスト

これまで，DCモータ・ディスクモデル，タコジェネレータモデル，モータドライバモデルを設計した。ここでは，これらのモデルの結合をプラントモデルとして結合し，その動作について検証する。はじめに，つぎの手順でフォルダとファイルを作成する。

❶　「`MILS_CombimedTest`」フォルダの中に「`PlantModel`」フォルダを作成する。

❷　新規Simulinkモデルを作成し，「`PlantModel_sim.slx`」として保存する。

❸　新規mファイルを作成し，「`PlantModel.m`」として保存する。

つぎに，これまでのSimulinkファイルから各モデルをコピーし，「`PlantModel_sim.slx`」に貼り付け，**図4.19**のように結合する。「`PlantModel.m`」にも，これまで設定したものと同様のシステムパラメータを各mファイルからコピーする。ただし，Endtime $= 10$に設定する。

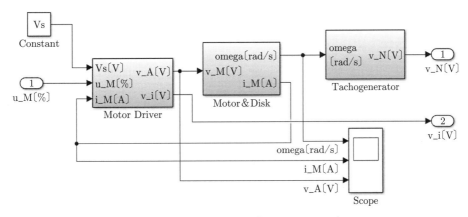

図4.19　プラントモデル（Simulinkモデル）

また，結合されたモデルをサブシステム化し，**図4.20**のようなプラントモデルとする。各モデルの入出力端子の単位や結合によるエラーの有無，また，プラントモデルの入出力関係が正しくシミュレーションされているかを確認する。図4.20のスコープ画面では，$u_M(t) = 100\%\ (t \geq 1)$に対するプラントモデルのステップ応答を示している。

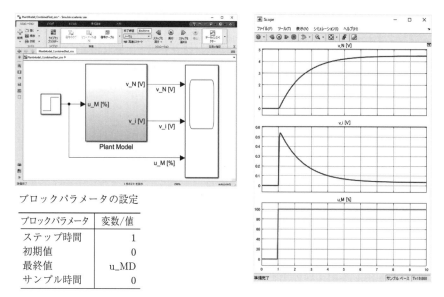

ブロックパラメータの設定

ブロックパラメータ	変数/値
ステップ時間	1
初期値	0
最終値	u_MD
サンプル時間	0

図 **4.20**　プラントモデルの結合テスト

4.4　DC モータ・ディスクモデルの要素設計（コントローラモデル）

　コントローラモデルを構成する各サブシステムのモデルを単体テストを行いながら作成しよう。コントローラモデルは ECU のハードウェア部分とアルゴリズム部分の両方をモデル化する必要がある。

　まず，ハードウェアの A–D 変換器，パルス発生器モデルを設計したのち，アルゴリズム部分を設計する。

4.4.1　A–D 変 換 器

〔1〕　部 品 仕 様　　A–D 変換器は入力されたアナログ出力（電圧あるいは電流）信号をデジタルデータに変換し，コンピュータ内部で信号が取り扱えるようにする装置である（**図4.21**）。信号およびシステムパラメータの一覧を**表 4.10** および**表 4.11** に示す。

　A–D 変換器の性能を表す指標として，以下に示すような，入力範囲，分解能，変換時間などがある。

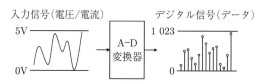

図 **4.21**　A–D 変換器の動作

表 **4.10**　時間変動する物理量

物理量		単位
入力信号	$v_A(t)$	V
出力データ	$d_A(t)$	–

表 **4.11**　システムパラメータ

システムパラメータ		単位
入力電圧（最小）	$V_{A\min}$	V
入力電圧（最大）	$V_{A\max}$	V
分解能	n	bit
A–D 変換係数	α_A	–

入力範囲　　正しくデータに変換可能なアナログ入力信号の範囲である。A–D 変換器によっては正負の入力信号を取り扱えるものもある。範囲を超えた信号が入力されると正しくデジタルデータに変換されず（出力が最小値あるいは最大値で飽和する），最悪の場合，A–D 変換器が破損する。本書で用いる A–D 変換器では，その範囲が $[V_{A\min}, V_{A\max}]$ で与えられる。

分解能　　入力されたアナログ信号をどの程度細かく検出できるかを示す能力である。通常，単位として n〔bit〕（n は整数）を用いる。ビット数が大きければ大きいほど細かく電圧を検出できる。詳細な計算については，つぎの〔2〕のモデリングで述べる。

変換時間　　アナログ信号が入力されてからデータに変換されるまでの時間である。変換時間が短いほど，入力信号からデータへ高速に変換ができる。

〔**2**〕　**モデリング**　　A–D 変換器への入力信号 $v_A(t)$ と，変換後の出力データ $d_A(t)$ の関係式は次式で与えられる。

$$d_A(t) = \lfloor \alpha_A \{v_A(t) - V_{A\min}\} \rfloor \tag{4.14}$$
$$\alpha_A = \frac{2^n - 1}{V_{A\max} - V_{A\min}} \tag{4.15}$$

$d_A(t)$ は 0 を含む正の整数値でなければならないため，右辺の演算ののち小数部分が切り捨てられるものとする。式 (4.14) の $\lfloor\ \rfloor$ は床関数（切捨て関数）で関数内の小数点以下の値をすべて切り捨てることを意味する。これを A–D 変換の量子化と呼び，小数点を含むデータ（真値）と出力データ $d_A(t)$ の差を量子化誤差と呼ぶ。

〔**3**〕　**Simulink ファイルの設計および単体テスト**　　Simulink を起動してモータドライバモデルを実現しよう。まず，つぎの手順でフォルダとファイルを作成する。

❶　「MILS_Components」フォルダの中に「ADConverter」フォルダを作成する。

❷　新規 Simulink モデルを作成し，「ADConverter_sim.slx」として保存する。

❸　新規 m ファイルを作成し，「ADConverter.m」として保存する。

式 (4.14) より，**図 4.22** のような構造をもつ Simulink モデルを得る。Simulink モデルには，量子化を行う「Quantizer」ブロックや，入力範囲外の信号が入力された場合，最小値（あるいは最大値）で入力値を飽和させる，「Saturation」ブロックが配置されていることに注意しよう。得られた Simulink モデルに**表 4.12** のパラメータを設定し，モデルの動作を確認する。このときの m ファイルの設定を**プログラム 4–4** に示す。

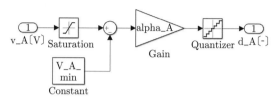

ブロックパラメータの設定

Saturation	
ブロックパラメータ	変数/値
上　　限	V_A_max
下　　限	V_A_min

Quantizer	
ブロックパラメータ	変数/値
量子化間隔	1

図 4.22 A–D 変換器モデル（Simulink モデル）

表 4.12 A–D 変換器モデルのパラメータ

定　　格		値	単位
入力電圧（最小）　$V_{A\,\mathrm{min}}$		0	V
入力電圧（最大）　$V_{A\,\mathrm{max}}$		5	V
システムパラメータ		値	単位
分解能　　　　n		10	bit

───── **プログラム 4–4** (ADConverter.m) ─────

```
%A-D 変換器モデル（単体テスト）
clear
close all
clc

%------------ システムパラメータ(A-D 変換器モデル) ------------
V_A_max = 5; %A-D 変換器最大印加電圧 [V]
V_A_min = 0; %A-D 変換器最小印加電圧 [V]
n = 10;      %分解能 [bit]
alpha_A = (2^n - 1)/(V_A_max - V_A_min);%変換係数

%------------ 入力(A-D 変換器モデル) ------------
v_A_d = 1; %コントローラ出力電圧の勾配 [V/s]

%------------ シミュレーションの実行 ------------
%シミュレーション終了時間 [s]
Endtime = 15;
%Simulink 起動
```

```
filename = 'ADConverter_sim';
open(filename)
sim(filename)
```

A–D 変換器への入力電圧として，入力電圧範囲を超えるランプ状の入力（例えば $[-5\,\mathrm{V}, 10\,\mathrm{V}]$）を与える。**図 4.23** の結果から，入力範囲を超える電圧に対しては，データ出力が飽和していることがわかる。また，入力範囲内の電圧に対しては，出力データが線形かつ連続的に変換されているようにみえるが，出力の領域を拡大すると量子化の影響で値が連続的ではなく，離散的に出力されていることがわかる。

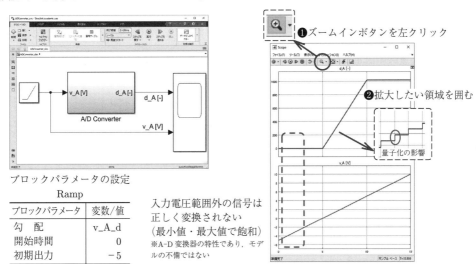

ブロックパラメータの設定

Ramp

ブロックパラメータ	変数/値
勾　配	v_A_d
開始時間	0
初期出力	−5

入力電圧範囲外の信号は
正しく変換されない
（最小値・最大値で飽和）
※A–D 変換器の特性であり，モデルの不備ではない

図 4.23 A–D 変換器モデルの単体テスト

4.4.2 パルス発生器

〔1〕 部品仕様　パルス発生器（パルスジェネレータ）は，**図 4.24** のように，デジタル信号に対応するパルス波を出力する装置である。信号およびシステムパラメータの一覧を**表 4.13** および**表 4.14** に示す。

パルス発生器は，時刻 τ_k（k は整数）に入力されたデューティ比に応じた PWM 信号，つぎの信号が時刻 τ_{k+1} に入力されるまで，継続的に出力する。パルス発生器の性能指標とし

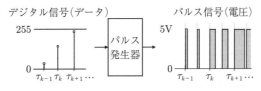

図 4.24 パルス発生器の動作

表 **4.13** 時間変動する物理量

物理量		単位
入力データ	$d_P(t)$	–
デューティ比	$u_P(t)$	%

表 **4.14** システムパラメータ

システムパラメータ		単位
分解能	m	bit
パルス変換係数	α_P	–

て，以下の分解能や PWM 周波数の設定範囲がある。

分解能　　出力される PWM 信号のデューティ比を，どの程度細かく調整できるかを示す能力である。通常，単位として m〔bit〕（m は整数）を用いる。A–D 変換と同じくビット数が大きいほどデューティ比を細かく調節できる。詳細な計算については，つぎの〔2〕のモデリングで述べる。

PWM 周波数の設定範囲　　PWM 周期の設定可能範囲である。設定可能な PWM 周波数が高い（PWM 周期が短い）ほど，制御対象を高速かつ緻密に動作させることができる。

〔**2**〕　**モデリング**　　パルス発生器への入力データ $d_P(t)$ と，変換後のパルスのデューティ比 $u_P(t)$ の関係式は次式で与えられる。

$$u_P(t) = \alpha_P x_P(t) \tag{4.16}$$

ただし

$$\alpha_P = \frac{100}{2^m - 1} \tag{4.17}$$

$$x_P(t) = \lfloor d_P(t) \rfloor \mod 2^m \tag{4.18}$$

mod は余剰演算子と呼ばれ，「$a \mod b$」は，a を b で割ったときの余りがその演算結果となる。これは，2 進数計算におけるオーバーフローの影響を表している。入力されたデータの大小でパルス発生器そのものが壊れることはないが，$[0, 2^m - 1]$ の範囲を超える値が入力された場合，入力を 2^m で割った余剰値が出力に反映されるため注意が必要である。

〔**3**〕　**Simulink ファイルの設計および単体テスト**　　Simulink を起動してパルス発生器モデルを実現しよう。まず，下記の手順でフォルダとファイルを作成する。

❶　「MILS_Components」フォルダの中に「PulseGenerator」フォルダを作成する。

❷　新規 Simulink モデルを作成し，「PulseGenerator_sim.slx」として保存する。

❸　新規 m ファイルを作成し，「PulseGenerator.m」として保存する。

式 (4.16), (4.17) より図 **4.25** の構造をもつ Simulink モデルを得る。mod 演算子は，Math-function ブロックのブロックパラメータにある「関数」から選択できる。

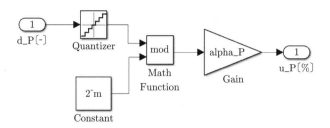

ブロックパラメータの設定

Math Function			Quantizer	
ブロックパラメータ	変数/値		ブロックパラメータ	変数/値
関　数	mod		量子化間隔	1

図 **4.25**　パルス発生器モデル（Simulink モデル）

　得られた Simulink モデルに**表 4.15** のパラメータを設定し，モデルの動作を確認する。このときの m ファイルの設定を**プログラム 4–5** に示す。パルス発生器への入力データとして，$[0, 255]^\dagger$ を超えるランプ状の入力を与える（例えば $[-50, 300]$）。**図 4.26** の結果から，入力範囲を超えるデータに対しては出力値が $[0,100]$ の値をとり，結果としてのこぎり波のような波形になっている。また，出力のデューティ比は，出力の領域を拡大をすると A–D 変換器と同様に量子化の影響で値が連続的ではなく，離散的に出力されていることがわかる。

表 **4.15**　パルス発生器モデルの
パラメータ

システムパラメータ		値	単位
分解能	m	8	bit

――――――― プログラム 4–5 (PulseGenerator.m) ―――――――

```
%パルス発生器モデル(単体テスト)
clear
close all
clc

%------------ システムパラメータ(パルス発生器モデル) ------------
m = 8;                   %分解能 [bit]
alpha_P = 100/(2^m-1);   %変換係数

%------------ 入力(パルス発生器モデル) ------------
d_P_d = 5;               %入力データの勾配

%------------ シミュレーションの実行 ------------
%シミュレーション終了時間 [s]
Endtime = 70;
%Simulink 起動
```

$\dagger$　分解能が $m = 8$ なので入力範囲の最大値は $2^8 - 1 = 255$ となる。

```
filename = 'PulseGenerator_sim';
open(filename)
sim(filename)
```

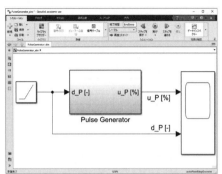

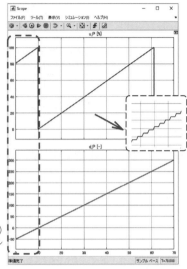

ブロックパラメータの設定

Ramp

ブロックパラメータ	変数/値
勾　　配	d_P_d
開始時間	0
初期出力	−50

出力範囲外の信号は正しく変換
されない
（0 〜 100％ の範囲で変換される）
※パルスジェネレータの特性であり，モデル
の不備ではない

図 **4.26**　パルス発生器モデルの単体テスト

4.4.3　アルゴリズムの設計 1

　アルゴリズムモデルは，プログラムで実現すべき ECU のアルゴリズムをモデル化したも
のである。

　本演習では，アルゴリズムを図 **4.27** に示すように「デコード部（デコーダ）」，「制御アル
ゴリズム部」，および「エンコード部（エンコーダ）」の三つの部分に分けてモデル化を行う
ことにする。

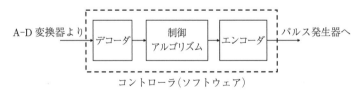

図 **4.27**　アルゴリズムモデルの動作

デコード部（デコーダ）　　A–D 変換から送られてくるデジタルデータを対応する物理
　　量に変換する。

制御アルゴリズム部　　入力される物理量などに基づきコントローラ出力を決定する。

制御アルゴリズムは，ECU のメモリ容量と処理速度が許すかぎりどのような演算でも行えるため，自由度の高い設計が可能であり，システムの高機能化の要となる。

エンコード部（エンコーダ）   制御アルゴリズム部の出力値をパルス発生器に対応するデジタルデータに変換する。

信号およびシステムパラメータの一覧を**表 4.16** および**表 4.17** に示す。本項では，まず，デコーダとエンコーダを作成する。回転数制御のための制御アルゴリズムにはフィードバック制御を採用する。具体的な方法については 4.4.6 項で説明するが，本項ではデコーダの動作検証用に仮の制御出力を $u(t)$ として出力するものとする。

表 4.16 時間変動する物理量

物理量		単位
A–D 変換データ（回転数）	$d_N(t)$	–
A–D 変換データ（電流）	$d_i(t)$	–
計測回転数	$N^*(t)$	rpm
計測電流	$i^*(t)$	A
制御出力	$u(t)$	%
（デューティ比）		
パルス発生器入力	$d_P(t)$	–

表 4.17 システムパラメータ

システムパラメータ		単位
制御出力（最小値）	$u_{\min}$	%
制御出力（最大値）	$u_{\max}$	%

〔**1**〕 デコーダとエンコーダのモデリング

（**1**） **デコーダ**   デコーダでは，センサと A–D 変換によって得られた回転数データと電流データを無次元の値から実際の物理量に変換する必要がある。デコーダの計算式は，センサから A–D 変換データまでのプロセスを逆にたどることで得ることができる。式 (4.9)，(4.14) を再掲する。

$$v_T(t) = \alpha_T N(t), \qquad d_N(t) = \lfloor \alpha_A \{ v_A(t) - V_{A\min} \} \rfloor$$

$v_A(t) = v_T(t)$ であるから，前式の右辺を後式の右辺の $v_A(t)$ に代入する。

$$d_N(t) = \lfloor \alpha_A \{ \alpha_T N(t) - V_{A\min} \} \rfloor \tag{4.19}$$

量子化誤差が十分小さいとすれば，つぎの近似式が成り立つ。

$$d_N(t) \approx \alpha_A \{ \alpha_T N(t) - V_{A\min} \} \tag{4.20}$$

したがって，この近似式から得られる計測回転数は式 (4.20) の $N(t)$ を $N^*(t)$ と置き換え

ることで

$$d_N(t) = \alpha_A \left\{ \alpha_T N^*(t) - V_{A\min} \right\} \tag{4.21}$$

$$N^*(t) = \frac{1}{\alpha_T} \left\{ \frac{1}{\alpha_A} d_N(t) + V_{A\min} \right\} \tag{4.22}$$

を得る。同様の手順で電流センサについても次式を得る。

$$i^*(t) = \frac{1}{\alpha_i} \left\{ \frac{1}{\alpha_A} d_i(t) + V_{A\min} \right\} \tag{4.23}$$

（**2**）**エンコーダ**　　エンコーダでは，アルゴリズム部から計算された $[u_{\min}, u_{\max}]$ の範囲の制御出力をパルス発生器へのデータ入力範囲 $[0,\ 2^m - 1]$ へ変換すればよい。したがって変換式は次式となる。

$$d_P(t) = \frac{2^m - 1}{u_{\max} - u_{\min}} \{ u(t) - u_{\min} \} \tag{4.24}$$

〔**2**〕**Simulink ファイルの設計および単体テスト**　　Simulink を起動してアルゴリズムモデルを実現しよう。まず，下記の手順でフォルダとファイルを作成する。

❶　「MILS_Components」フォルダの中に「Controller」フォルダを作成する。

❷　新規 Simulink モデルを作成し，「Controller_sim.slx」として保存する。

❸　新規 m ファイルを作成し，「Controller.m」として保存する。

式 (4.22)，(4.23) の入出力関係をもつデコーダと，式 (4.24) の入出力関係をもつエンコーダのサブシステムを作成する。単体テストのため，エンコーダには仮の入力として「Pulse Generator」ブロックを用いて $[0,\ 100]$ の矩形波を入力するものとする。また，コントローラの内部信号（演算結果）をモニタリングするために，デコーダ出力信号とエンコーダ入力信号を「Scope」ブロックに接続する。**図 4.28** のように作成された「Decoder」ブロックと「Encoder」ブロックを，「Controller」ブロックとしてサブシステム化することで，**図 4.29**に示すアルゴリズムの Simulink モデルができる。

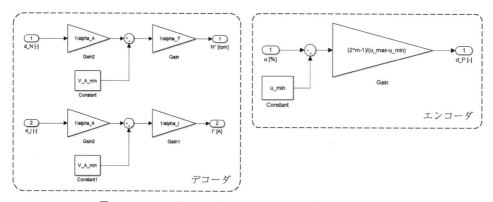

図 4.28　デコーダモデルとエンコーダモデル（Simulink モデル）

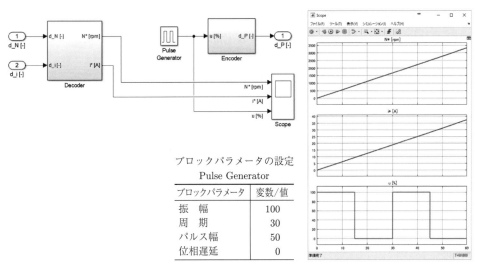

ブロックパラメータの設定 Pulse Generator	
ブロックパラメータ	変数/値
振　幅	100
周　期	30
パルス幅	50
位相遅延	0

図 **4.29** アルゴリズムモデル（Simulink モデル）

得られた Simulink モデルパラメータを設定し，モデルの動作を確認する。このときの m ファイルの設定を**プログラム 4–6** に示す。ここでは，表 4.17 のパラメータだけでなく，A–D 変換器とパルス発生器にかかわるシステムパラメータとして，表 4.11 と表 4.14 のパラメータも必要であることに注意しよう。また，「Controller」ブロックの入力端子には，それぞれ [0 V, 5 V] のランプ状の波形を入力する。図 4.29 および**図 4.30** の Scope の結果を見比べると，A–D 変換の入力電圧が対応する物理量（回転数と電流値）に変換され，[0%, 100%] のパ

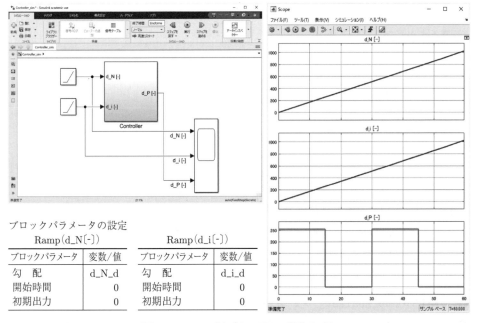

ブロックパラメータの設定 Ramp(d_N[-])	
ブロックパラメータ	変数/値
勾　配	d_N_d
開始時間	0
初期出力	0

Ramp(d_i[-])	
ブロックパラメータ	変数/値
勾　配	d_i_d
開始時間	0
初期出力	0

図 **4.30** アルゴリズムモデルの単体テスト

ルス波が，$[0, 255]$ のパルス波に変換されていることがわかる。

```
──────────────── プログラム 4–6 (Controller.m) ────────────────


    %コントローラ(ソフトウェア)モデル(単体テスト)
    clear
    close all
    clc

    %------------ システムパラメータ(タコジェネレータモデル) ------------

        ----------- 表示部分省略(プログラム 4-2と同じ) --------------

    %------------ システムパラメータ(モータドライバモデル(電流センサ)) ------------

        ----------- 表示部分省略(プログラム 4-3と同じ) --------------

    %------------ システムパラメータ(A/D 変換器モデル) ------------

        ----------- 表示部分省略(プログラム 4-4と同じ) --------------

    %------------ システムパラメータ(パルス発生器モデル) ------------

        ----------- 表示部分省略(プログラム 4-5と同じ) --------------

    %------------ システムパラメータ(コントローラ(ソフトウェア)モデル) ------------
    u_min = 0;      %制御出力の最小値 [%]
    u_max = 100;    %制御出力の最大値 [%]


    %------------ 入力(コントローラ(ソフトウェア)モデル) ------------
    d_N_d = (2^n-1)/60;  %A/D 変換データ（回転数）の勾配
    d_i_d = (2^n-1)/60;  %A/D 変換データ（電流）の勾配

    %------------ シミュレーションの実行 ------------
    %シミュレーション終了時間 [s]
    Endtime = 60;
    %Simulink 起動
    filename = 'Controller_sim';
    open(filename)
    sim(filename)
```

4.4.4 コントローラモデル結合テスト

設計された A–D 変換器モデル，パルス発生器モデル，アルゴリズムモデルをコントローラモデルとして結合し，その動作について検証する。

プラントモデルの結合テストと同様に，下記の手順でフォルダとファイルを作成する。

❶ 「MILS_CombimedTest」フォルダ中に「ControllerModel」フォルダを作成する。

❷ 新規 Simulink モデルを作成し，「ControllerModel_sim.slx」として保存する。

❸　新規 m ファイルを作成し，「ControllerModel.m」として保存する。

Simulink モデルをコピーし，「ControllerModel_sim.slx」に貼り付け，**図 4.31** のように結合を行う。「ControllerModel.m」にも，これまでに設定したものと同様のシステムパラメータを各 m ファイルからコピーする。結合されたモデルをサブシステム化し，**図 4.32** に示すようなコントローラモデルとする。各モデルの入出力端子の単位や結合によるエラー

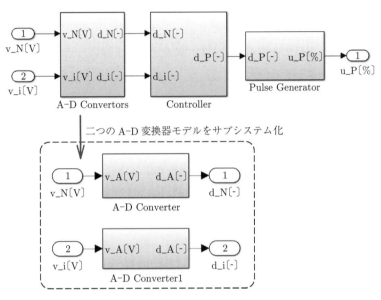

図 4.31　コントローラモデル

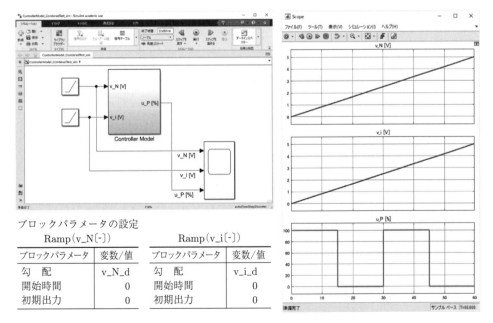

ブロックパラメータの設定

Ramp（v_N[-]）	
ブロックパラメータ	変数/値
勾　配	v_N_d
開始時間	0
初期出力	0

Ramp（v_i[-]）	
ブロックパラメータ	変数/値
勾　配	v_i_d
開始時間	0
初期出力	0

図 4.32　コントローラモデルの結合テスト

の有無，また，コントローラモデルの入出力関係が正しくシミュレーションされているかを確認する。ここでは，コントローラモデルへの入力として 4.4.1 項で用いたランプ波形を用いる。また，アルゴリズムモデルの出力には 4.4.3 項で使用したものと同様の振幅と周期のパルス波形を用いる。このときのコントローラモデルのモニタ出力を図 4.32 に示す。

4.4.5　プラントモデルとコントローラモデルの結合テスト

　これまでの手順によりプラントモデルとコントローラモデル（制御アルゴリズムは未実装）が設計された。また，各モデルの単体テスト，結合テストを行い，それぞれのモデルが正しく動作していることも確認した。本項では，コントローラモデルとプラントモデルを結合し，DC モータ制御システムの動作を確認する。これまでの結合テストと同様に，つぎの手順でフォルダとファイルを作成する。

❶　「MILS_CombimedTest」フォルダの中に「SystemModel」フォルダを作成する。

❷　新規 Simulink モデルを作成し，「SystemModel.slx」として保存する。

❸　新規 m ファイルを作成し，「SystemModel.m」として保存する。

　4.3.4 項および 4.4.4 項で設計された，プラントモデルとコントローラモデルを Simulink ファイルにコピーし，それぞれの入出力を結合する。また，各モデルのパラメータも m ファイルにコピーする。得られた Simulink モデルを図 **4.33** に，m ファイルのプログラムを**プログラム 4–7** に示す。これまでの結合テスト同様に，各モデルの入出力端子の単位や結合によるエラーの有無，また，プラントモデルの入出力関係が正しくシミュレーションされているかを確認する。図より，プラントモデルの出力のモニタ結果とコントローラモデル内のアルゴリズムのモニタ結果の電流値の波形が異なっていることがわかる。

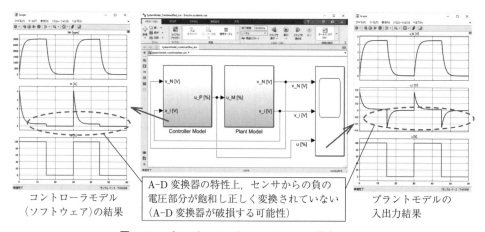

図 4.33　プラント・コントローラモデルの結合テスト

——— **プログラム 4–7** (SystemModel.m) ———

```
%プラント・コントローラモデル結合テスト
clear
close all
clc


%=============== プラントモデル ===============
%------------ システムパラメータ(モータ・ディスクモデル) ------------
%システムパラメータ(モータ特性)
R = 5.7;         %電機抵抗 [Ω]
L = 0.2;         %インダクタンス [H]
K_e = 7.16e-2;   %逆起電力定数 [V/(rad/s)]
K_tau = 7.2e-2;  %トルク定数 [N・m/A]
J_M = 0.11e-3;   %慣性モーメント [kg・m^2]

%システムパラメータ(ディスク特性)
J_I = 1.3e-3;    %慣性モーメント [kg・m^2]
D = 6.0e-5;      %粘性減衰係数 [N・m/(rad/s)]

%------------ システムパラメータ(タコジェネレータモデル) ------------
alpha_T = 1.5/1000; %変換係数 [V/rpm]

%------------ システムパラメータ(モータドライバモデル) ------------
alpha_i = 5/37.5; %センサ係数 [V/A]

%------------ 入力(モータドライバモデル) ------------
Vs = 24; %電源電圧 [V]

%------------ システムパラメータ(A/D 変換器モデル) ------------
V_A_max = 5; %A/D 変換器最大印加電圧 [V]
V_A_min = 0; %A/D 変換器最小印加電圧 [V]
n = 10;      %分解能 [bit]
alpha_A = (2^n - 1)/(V_A_max - V_A_min);%変換係数

%=============== コントローラモデル ===============
%------------ システムパラメータ(パルス発生器モデル) ------------
m = 8; %分解能 [bit]
alpha_P = 100/(2^m-1); %変換係数

%------------ システムパラメータ(コントローラ(ソフトウェア)モデル) ------------
u_min = 0;   %制御出力の最小値 [%]
u_max = 100; %制御出力の最大値 [%]

%------------ シミュレーションの実行 ------------
%シミュレーション終了時間 [s]
Endtime = 60;
%Simulink 起動
filename = 'SystemModel_CombinedTest_sim';
open(filename)
sim(filename)
```

　この原因を考察し，問題の解決策について考えてみよう。**図 4.34** に示すように，コントローラからのデューティ比が 100% から 0% に切り替わったとき，ディスクの回転に伴う逆起電力の影響で電流の方向が負となる（これを回生電流と呼ぶ）。そのため，電流方向の変化に伴ってセンサ電圧の出力が負値となる。4.4.1 項の部品仕様で述べたように，A–D 変換器への入力可能な電圧範囲は $[0\,\mathrm{V}, 5\,\mathrm{V}]$ である。そのため，A–D 変換器に入力された負の電圧は正しく変換されず（$0\,\mathrm{V}$ で飽和する），結果としてプラントモデルのモニタ結果とアルゴリズムモデルのモニタ結果が異なっている。実際に A–D 変換器に入力電圧範囲外の電圧が加わると，A–D 変換器を破損する可能性がある。

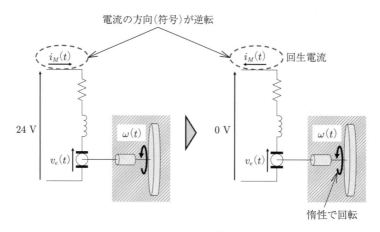

図 4.34　回 生 電 流

　この問題に対する解決例を以下に示す。

---

1. センサ出力に飽和要素を追加し，センサ出力が負値になったときに 0 を出力するようにする。

2. センサ出力に絶対値要素を追加し，電流出力の絶対値（正の値）のみ出力されるようにする。

3. センサ出力のゼロ点（$0\,\mathrm{A}$ となる点）を A–D 変換器の入力範囲の中間の電圧値となるように，センサ出力にバイアスを加える。

4. 負の入力が許容される A–D 変換をもつコントローラを選定し直し，コントローラモデルの A–D 変換の入力可能な電圧範囲のパラメータを変更する。

　ここでは，例として 1. の解決策に従いプラントモデル内のセンサブロックの後段に飽和要素[†]（Saturation ブロック）を追加し，プラントモデルを修正した場合の例を**図 4.35** に示す。

[†]　要求される要素の実現性も併せて考慮しなければならない。今回の場合，クリッピング回路と呼ばれる回路を追加することで飽和要素が実現できる。

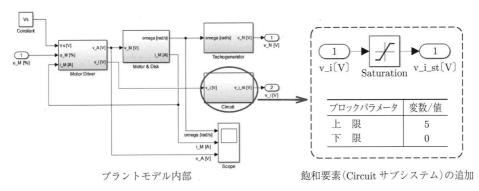

プラントモデル内部   飽和要素（Circuit サブシステム）の追加

図 **4.35** プラントモデルの修正（Simulink モデル）

　また，修正されたプラントモデルを用いて，再度，プラントモデルとコントローラモデルの結合テストを行った際の結果を図 **4.36** に示す。結果より，プラントモデルからの電圧 $v_i(t)$ が飽和ブロックの影響で 0 V を下回ることはなく出力されており，A–D 変換器の破損を回避できることがわかる。ただし，負方向の電流が正しく計測されないという問題点を含んでいる。どのような要素を加えることが最も良い改善策なのかという問題については，読者に考えていただきたい。

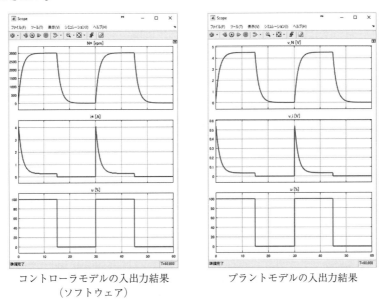

コントローラモデルの入出力結果   プラントモデルの入出力結果
（ソフトウェア）

図 **4.36** システム結合テスト（プラントモデル修正後）

　以上のように，各サブシステム（今回ならばプラントモデルとコントローラモデル）が単体で正しい動作をしていても，サブシステムどうしの結合に不都合が生じる場合があるので注意が必要である。しかし，MILS では対応策を新たなモデルとして導入すればよいため，手戻りの解決にかかる時間が短縮されることも併せて理解されたい。

4.4.6　アルゴリズムの設計 2（PID 制御）

最後に，回転数制御を行うための制御アルゴリズムを設計しよう。一般的に制御工学の分野では，目標となる回転数を「目標値」，回転数などのプラントから出力される物理量を「制御量」，アルゴリズム部の出力を「操作量」と呼ぶ。制御とは，「制御量」が「目標値」に追従するように「操作量」を自動的に決定するプロセスである。上記目的を達成するために最もよく用いられる方法が**フィードバック制御**である。フィードバック制御とは，目標値と制御量との差（制御偏差）を計算し，この差が小さくなるように制御量を自動決定する手法である。制御量を自動決定する手法は「制御則」と呼ばれ，これまで数多くの手法が提案されている。本書では，この制御則として産業界で最もよく用いられる **PID 制御則**を採用する。

〔**1**〕　**PID 制御則**　　一般的に PID 制御則は次式で与えられる。

$$u(t) = K_P + K_I \int_0^t e(\tau)d\tau + K_D \frac{de(t)}{dt} \tag{4.25}$$

$$e(t) = r(t) - y(t) \tag{4.26}$$

ここで，$r(t)$, $y(t)$, $u(t)$ は，それぞれ目標値，制御量，操作量を表す。また，K_P, K_I, K_D はそれぞれ，**比例ゲイン**（Proportional Gain），**積分ゲイン**（Integral Gain），**微分ゲイン**（Derivative Gain）と呼ばれ，これらのパラメータは総称して **PID ゲイン**と呼ばれる。PID 制御則は**図 4.37** に示すように，現在・過去・未来の制御偏差情報によって操作量が自動的に決定され，$r(t) = SV(t)$, $y(t) = N^*(t)$ である。また，PID ゲインの調整により，目標値追従性やオーバーシュート量などの特性を任意に調整することができる。各ゲインの自動調整法についても数多くの手法が提案されているが，本書では，PID ゲインの決定法については触れない。詳しくは参考文献を参照されたい。

〔**2**〕　**制御則の実装と動作テスト**　　PID 制御則をコントローラモデルに実装する。図 4.35 のコントローラモデルに，**図 4.38** のような構造をもつ「PID Controller」ブロックを

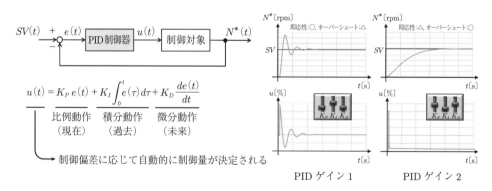

図 4.37　PID 制御器の動作

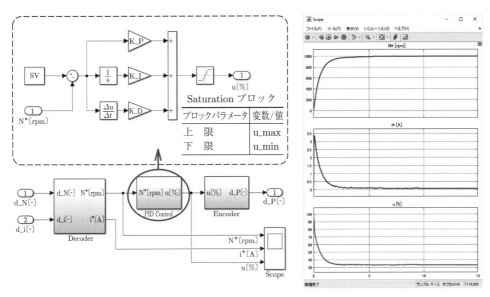

図 **4.38**　PID 制御則の Simulink モデル

実装しよう。ここで，PID 制御則の計算結果のあとに，$[u_{\min}, u_{\max}]$ の飽和領域をもつ「Satulation」ブロックが追加されていることに注意しよう。このブロックは，PID 制御則の計算結果はつねに $[0\%, 100\%]$ の範囲であるとは限らないため，後段のパルス発生器における異常動作を回避する目的で挿入されている。パルス発生器の異常動作については，4.4.2 項を参照してほしい。PID 制御アルゴリズムに関わるパラメータを**プログラム 4–8** のように追加する。また，シミュレーション終了時刻は，Endtime = 10 に変更する。図 4.38 の制御結果より，オーバーシュートのない良好な制御結果を得ていることがわかる。これ以外にも所望の応答特性を得られるように，読者で PID ゲインを調整されたい。

——————— **プログラム 4–8** (SystemModel.m コントローラ追加) ———————

```
% プラント・コントローラモデル結合テスト(PID 制御アルゴリズム追加)

----------- 前半省略（プログラム 4-7と同じ）---------------

%============== プラントモデル ===============

----------- 表示部分省略（プログラム 4-7と同じ）---------------

%============== コントローラモデル ===============

----------- 表示部分省略(プログラム 4-7と同じ)---------------

%------------ 制御パラメータ(アルゴリズムモデル) ------------
SV  = 1000; %目標回転数 [rpm]
K_P = 0.1;  %比例ゲイン [—]
K_I = 0.05; %積分ゲイン [—]
```

```
    K_D = 0.01; %微分ゲイン [—]

    %------------ シミュレーションの実行 ------------
    Endtime = 15;    %シミュレーション終了時刻
    filename = 'SystemModel_CombinedTest_sim'; %Simulink ファイル名
    open(filename)    %Simulink オープン
    sim(filename)     %Simulink 実行
```

以上で MILS による DC モータ制御システムの設計は完了である。

章 末 問 題

4.3.1 項の DC モータ・ディスクモデルについて以下の解析を行え。

【1】 DC モータ・ディスクモデルに関する微分方程式をラプラス変換し，図 **4.39** に示す (a)〜(d) の伝達関数を導出せよ。ただし，各信号のラプラス変換を以下のように定義するものとする。

$$\mathcal{L}[v_M(t)] = V_M(s), \ \mathcal{L}[v_e(t)] = V_e(s), \ \mathcal{L}[i_M(t)] = I_M(s)$$

$$\mathcal{L}[\tau_M(t)] = \tau_M(s), \ \mathcal{L}[\omega(t)] = \Omega(s)$$

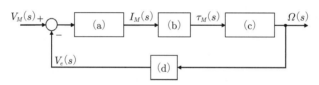

図 **4.39** DC モータ・ディスクモデルのブロック線図

【2】 (a), (c) で得られた伝達関数から，入出力の物理量とシステムパラメータの関係について解析せよ。

【3】 $V(s)$ から $\Omega(s)$ の伝達関数を導出し，DC モータシステムの応答特性について解析せよ。

5 ▶ HILS

MILS による繰り返し設計を行うことで，サブシステムがシステム全体に与える影響を
シミュレーションによって評価でき，かつ，サブシステムの設計の不具合を早期に発見・
改善できることを 4 章で述べた。5 章では，MILS モデルの一部をハードウェアに置き換
えて，検証を行う **HILS**（Hardware-In-the-Loop Simulation）の目的とその方法につい
て理解しよう。HILS ではプラントモデルを実時間でシミュレーションするための HIL シ
ミュレータと呼ばれる入出力インタフェースを備えたコンピュータを利用する。HIL シミュ
レータは，高度な演算機能や各種入出力インタフェースを搭載するため，一般的には高価
な機器となる。本書では，筆者らが開発した学習用簡易 HIL シミュレータを，DC モータ
制御システムの設計に用いている。本章の最後には，検証によって得られたモデルに従っ
て製作した，実際の DC モータ制御装置の動作についても紹介する。

5.1　HILS と HIL シミュレータ

5.1.1　HILS の 目 的

HILS は，MILS でできたシステムモデルの一部をハードウェアに置き換えてシステムの
動作検証を行う工程である。MILS によってサブシステムモデルの設計・検証が十分に行わ
れたとしても，モデルと実際のコントローラやプラントにはつぎのような相違点がある。

1. **プラントモデルと実際のプラントの違い**　　現実のプラントには，プラントモデ
   ルとして記述できない要素が数多く存在する。例えば，車両システムの評価に用
   いられるドライバーモデルは人間系のモデリングであるが，そのすべての動作を
   モデリングすることは不可能である。また，モデルの物理パラメータの多くは周
   辺環境に依存し，その値が時間的に変動する。例えば，同じ摩擦係数であっても，
   その特性が物体の運動状態によって静止摩擦係数や動摩擦係数のように変化する。

2. **コントローラモデルと実際のコントローラの違い**　　量産コントローラで用いら
   れる ECU は，MILS で用いる PC やワークステーションなどのコンピュータに
   比べて，その性能が劣る場合が多い。例えば，アルゴリズムがリアルタイムで実
   行可能か否かは，ECU のスペックに大きく依存する。

3. **プラント・コントローラ間の伝送路やインタフェースの影響**　伝送路のノイズ
や，インタフェースの通信規格による伝送遅延など，モデル間の信号伝送に関わ
る要素はそのモデリングが困難な場合がある。

　上述のように仮想世界と現実世界にはなんらかのギャップが存在し，システムモデルには
ギャップに伴うモデル化誤差が含まれている。そのため，MILS から製品への開発にあたっ
ては，**表 5.1** のように，各サブシステムモデルを徐々にハードウェアに置き換え，モデル化
誤差の影響を評価しながら開発を進めることが望ましい。このとき，ハードウェアとモデル
を複合した動作の検証を行うための開発環境が必要となる。HILS では，**図 5.1** に示すよう
な **HIL シミュレータ**と呼ばれる多様な入出力インタフェースを備えたコンピュータを用い
ることで上記の環境を構築する。

表 5.1　モデルからハードウェアへの置換えの例

	サブシステム 1	サブシステム 2	サブシステム 3	サブシステム 4	サブシステム 5
HILS 工程 1	ハードウェア	モデル	モデル	モデル	モデル
HILS 工程 2	ハードウェア	ハードウェア	モデル	モデル	モデル
HILS 工程 3	ハードウェア	ハードウェア	ハードウェア	モデル	モデル
HILS 工程 4	ハードウェア	ハードウェア	ハードウェア	ハードウェア	モデル
HILS 工程 5	ハードウェア	ハードウェア	ハードウェア	ハードウェア	ハードウェア

図 5.1　HIL シミュレータ（© 〈2018〉, dSPACE）

HIL シミュレータを用いることにより，開発におけるつぎのメリットも期待される。

1. **テスト環境**　HIL シミュレータではテスト環境を仮想的に実現できるため，テ
スト環境構築のための大規模な施設は不要となり，テストにかかる時間と費用が
大幅に削減できる。

2. **テスト条件**　ECU の性能を検証するために，極端な条件における動作テスト
を行うことが望ましい場合がある。HIL シミュレータを用いると，動作試験に伴

う機器の破損などのリスクがなくなり，さまざまな検証を事前に行うことができ，結果として ECU の信頼性が向上する。

3. **システム構成**　　一部のサブシステムの構成に急な仕様変更が発生したとしても，HIL シミュレータ内のモデルを変更するだけで対応が可能である。したがって，システム構成の変更に伴う時間的な損失が大幅に軽減される。

このような理由から，HILS は最初に導入される MBD 手法となることも多い。

5.1.2　HIL シミュレータの要件

HIL シミュレータの目的は，コンピュータによるプラント動作の模擬である。そのため，HIL シミュレータにはつぎの項目が要求される。

1. **プラントモデルのリアルタイム演算**　　プラントモデルの規模にかかわらず，プラントの挙動は実時間内に計算され，設定されたサンプル周期で適切に出力されなければならない。
2. **多様なインタフェース**　　実際のシステムでは，内部の物理量を種々の電気信号（アナログ，デジタル）に変換してサブシステム間で共有を行う。そのため，多様な電圧レベルやプロトコルに対応した通信インタフェースを搭載し接続できるようにしなければならない。
3. **効率的な開発環境**　　効率的な開発のためには，MILS で得られたモデルを流用できることが望ましい。そのため，HILS の選定においては MILS で作成したモデルが HIL シミュレータでも実行可能であるかどうかが重要となる。

　一般的に HIL シミュレータは高額である場合が多い。そのため，MBD 教育のためだけに複数台の HIL シミュレータを用意することは現実的には難しい。筆者らは，教育用に**図 5.2**に示す Arduino を用いた簡易 HIL シミュレータ[†]を開発している。本書では，この簡易 HIL シミュレータを用いた HILS の実習を行う。実習では，4 章の MILS 実習で得られたコントローラモデルを，実際の ECU に実装する。また，プラントモデルを簡易 HIL シミュレータに実装し，コントローラと接続することで，実時間における ECU の性能検証が可能となる。簡易 HIL シミュレータは，本書で用いる DC モータ制御システムの HILS において，上記の要求をすべて満たすように設計されている。簡易 HIL シミュレータを利用するための Simulink 環境の設定方法および簡易 HIL シミュレータの詳細については付録を参照のこと。

[†]　簡易 HIL シミュレータの回路図や RoTH 機能については Web ページ（https://www.coronasha.co.jp/np/isbn/9784339046830/）上で無償で公開しているので，個人の責任の上で自由に利用されたい。

(a) ECU   (b) 簡易 HIL シミュレータ

図 **5.2**

5.2 簡易 **HIL** シミュレータの構築

MILS で設計されたプラントモデルのインタフェースブロックを Arduino 用の I/O ブロックに変更し，RoTH 機能を用いて Arduino Due に実装しよう。

つぎの手順に従ってプラントモデルを HIL シミュレータに実装する。

手順 1（図 **5.3**）　　MILS モデルをコピーして，HIL シミュレータの構築に必要なプラントモデルを取り出す。

❶　Test フォルダの中に「HILS」フォルダを作成し，HILS フォルダの中に「HILSimulator」フォルダを作成する。

❷　MILS/MILS_CombimedTest/SystemModel にある，「SystemModel_CombinedTest_sim.slx」と「SystemModel_CombinedTest.m」を「HILSimulator」フォルダにコ

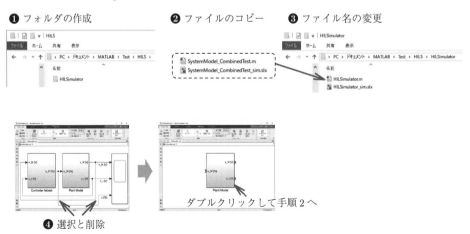

図 **5.3**　プラントモデルの実装（手順 1）

ピーする。

❸ コピーしたファイルをそれぞれ「`HILSimulator_sim.slx`」と「`HILSimulator.m`」
と名前を変更する。

❹ 「`HILSimulator_sim.slx`」から「Controller Model」ブロック，「Scope」ブロック
と関連する信号線を削除する。

手順 2（図 5.4）　インタフェースモデルを I/O ブロックへ置き換えるため，一部のブ
ロックを削除する。

❺ 図中の破線で囲まれたブロックと関連する信号線を削除する。

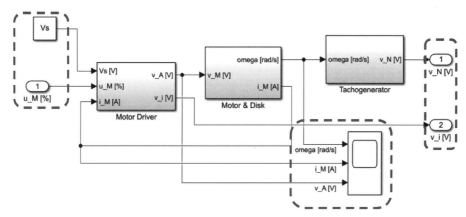

図 5.4　プラントモデルの実装（手順 2）

手順 3（図 5.5）

❻ ライブラリブラウザを起動し，「Commonly Used Blocks」と「Simulink Support

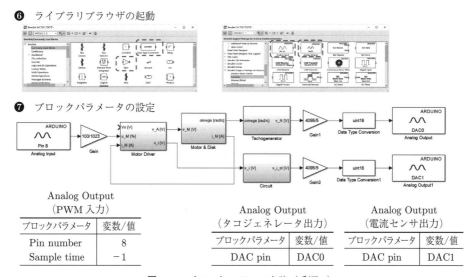

❻ ライブラリブラウザの起動

❼ ブロックパラメータの設定

Analog Output
（PWM 入力）

ブロックパラメータ	変数/値
Pin number	8
Sample time	−1

Analog Output
（タコジェネレータ出力）

ブロックパラメータ	変数/値
DAC pin	DAC0

Analog Output
（電流センサ出力）

ブロックパラメータ	変数/値
DAC pin	DAC1

図 5.5　プラントモデルの実装（手順 3）

Package for Arduino Hardware/Common」から図 5.5 に示すようなブロックを選択・配置する。

❼ 図 5.5 に示すように Simulink ブロックを結合し，ブロックパラメータの値を設定する。

手順 4（図 5.6）

❽ Stateflow を追加し，押しボタンの状態に応じて電源電圧のオン・オフを決定およびリセット信号の出力を行う。

❾ 図 5.6 に従い，各ブロックパラメータの設定を行う。

❽　Stateflow の追加と各種設定

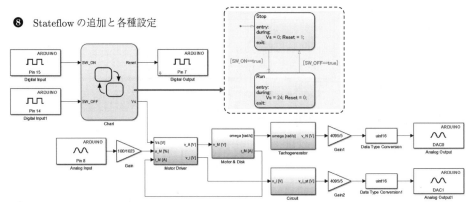

❾　ブロックパラメータの設定

Digital Input （スイッチ オン）		Digital Input （スイッチ オフ）		Digital Output （リセット信号）	
ブロックパラメータ	変数/値	ブロックパラメータ	変数/値	ブロックパラメータ	変数/値
Pin number	15	Pin number	14	Pin number	7
Sample time	−1	Sample time	−1		

図 5.6　プラントモデルの実装（手順 4）

手順 5（図 5.7）　　MILS モデルをコピーして，HIL シミュレータの構築に必要なプラントモデルを取り出す。

❿ ソルバー設定を図 5.7 に示すように変更する。

⓫ モデルコンフィギュレーションパラメータを起動しハードウェア実行をクリックする。

⓬ Arduino Due を選択する。しばらくするとパラメータが自動的に設定されるので，OK ボタンをクリックしてダイアログボックスを閉じる。

⓭ HIL シミュレータと PC を USB 接続し，ハードウェアに展開をクリックする。これで，プラントモデルが自動的に Arduino Due に実装される。ただし，プラントのパラメータを展開するために，**プログラム 5–1** をあらかじめ実行しておく。

❽ ソルバー設定の変更

パラメータ	変数/値
タイプ	固定ステップ
ソルバー	ode1(Euler)
固定ステップサイズ	$1e-3$

❾ モデルコンフィギュレーションパラメータを起動し
ハードウェア実行をクリック

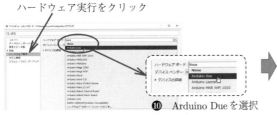

選択後の画面
（設定を変更せずOKボタンをクリック）

❿ Arduino Due を選択

⓫ ハードウェアに展開をクリックし，プラントモデルを実装

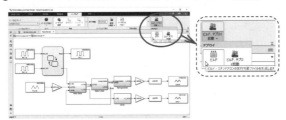

図 5.7　プラントモデルの実装（手順 5）

―― プログラム 5–1 (HILSimulator.m) ――

```
%HIL シミュレータ　プラントモデルのパラメータ設定
clear
close all
clc

%=============== プラントモデル ===============
%------------ システムパラメータ（モータ・ディスクモデル）------------
%システムパラメータ（モータ特性）
R = 5.7;        %電機抵抗 ［Ω］
L = 0.2;        %インダクタンス ［H］
K_e = 7.16e-2;  %逆起電力定数 ［V/(rad/s)］
K_tau = 7.2e-2; %トルク定数 ［N・m/A］
J_M = 0.11e-3;  %慣性モーメント ［kg・m^2］

%システムパラメータ（ディスク特性）
J_I = 1.3e-3; %慣性モーメント ［kg・m^2］
D = 6.0e-5;    %粘性減衰係数 ［N・m/(rad/s)］

%------------ システムパラメータ（タコジェネレータモデル）------------
alpha_T = 1.5/1000; %変換係数 ［V/rpm］
```

```
%------------ システムパラメータ(モータドライバモデル) ------------
alpha_i = 5/37.5; %センサ係数 [V/A]

%------------ シミュレーションの実行 ------------
%シミュレーション終了時間 [s]
Endtime = Inf;
%Simulink 起動
filename = 'HILSimulator_sim';
open(filename)
```

以上で，プラントモデルが簡易 HIL シミュレータに実装された。

5.3　コントローラモデルの実装

　HIL シミュレータと同様に，MILS で設計されたコントローラモデルのインタフェースブロックを Arduino 用の I/O ブロックに変更し，RoTH 機能を用いて Arduino Mega2560 に実装しよう。コントローラモデルは，実際の ECU におけるインタフェース（A–D 変換器とパルス発生器）とは接続がされていない。そのため，MILS モデルに若干の変更を加え，ハードウェアのインタフェースへの接続を行う。

　手順 1（**図 5.8**）　　MILS モデルをコピーして，ECU に必要なモデルを取り出す。

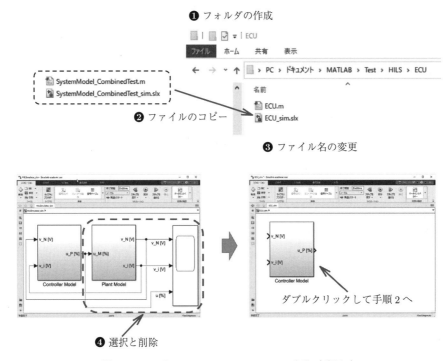

図 **5.8**　コントローラモデルの ECU への実装（手順 1）

❶ Test/HILS フォルダの中に「ECU」フォルダを作成する。

❷ MILS/MILS_CombimedTest/SystemModel にある，「SystemModel_CombinedTest_
sim.slx」と「SystemModel_CombinedTest.m」を ECU フォルダにコピーする。

❸ コピーしたファイルをそれぞれ「ECU_sim.slx」と「ECU.m」に名前を変更する。

❹ ECU_sim.slx から「Plant Model」ブロック，「Scope」ブロックと関連する信号線を
削除する。

手順 2（図 5.9）　　インタフェースモデルを I/O ブロックへ置き換える。

❺ ライブラリブラウザを起動し，「Simulink Support Package for Arduino Hardware/
Common」を選択する。

❻ 「Analog Input」ブロックを選択し，「Controller」内部に追加する。つぎに「A–D
Converter」ブロックを削除し代わりに「Analog Input」ブロックを接続する。

❼ 「PWM」ブロックを選択し，「Controller」内部に追加する。つぎに「Pulse Generator」
ブロックを削除し，「PWM」ブロックを接続する。

❽ 各 I/O ブロックのブロックパラメータを設定する。

❺ ライブラリブラウザの起動

❻ ブロックの削除と置換

❼ ブロックの削除と置換

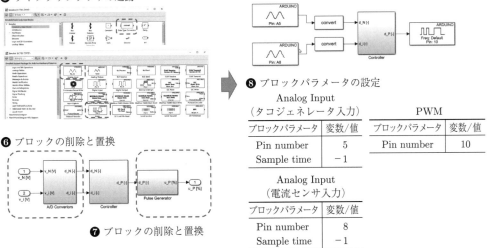

❽ ブロックパラメータの設定

Analog Input
（タコジェネレータ入力）

ブロックパラメータ	変数/値
Pin number	5
Sample time	−1

Analog Input
（電流センサ入力）

ブロックパラメータ	変数/値
Pin number	8
Sample time	−1

PWM

ブロックパラメータ	変数/値
Pin number	10

図 5.9　コントローラモデルの ECU への実装（手順 2）

手順 3（図 5.10）　　Simulink の各種設定を変更する。

❾ Simulink モデルを書き込むターゲットハードウェアを選択する。モデルコンフィギュ
レーションパラメータを起動し，ハードウェア実行をクリックする。

❿ ハードウェアボードの選択肢の中から Arduino Mega 2560 を選択する。

⓫ ハードウェアボード設定画面が現れるが設定を変更せず OK をクリックする。

⓬ シミュレーションモードをエクスターナルに変更する。

❾ モデルコンフィギュレーションパラメータを
起動し，ハードウェア実行をクリック

❿ Arduino Mega 2560 を選択

⓫ 選択後の画面（設定を変更せず
OK ボタンをクリック）

⓬「ボード上で実行(エクスターナルモード)」を
選択し，「監視と調整」で実行

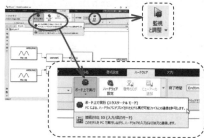

図 5.10   コントローラモデルの ECU への実装（手順 3）

手順 4   プログラム（ECU.m）を**プログラム 5–2**のように変更する。

⓭   プラントパラメータに関するパラメータを削除する。

⓮   シミュレーション終了時刻「Endtime」を「Inf」に設定し，停止コマンドが送信され
るまで ECU を半永久的にハードウェア上で実行できるようにする。

⓯   m ファイルから Simulink をエクスターナルモードで実行するために

    sim(filename)

から

    set_param(filename, 'SimulationCommand', 'start')

に変更する。

────────── プログラム 5–2 (ECU.m) ──────────

```
% ECU モデルパラメータの設定
% コメント冒頭の※はSystemModel.m からの変更あり
clear
close all
clc

%============== プラントモデル ==============
%------------ システムパラメータ(タコジェネレータモデル) ------------
alpha_T = 1.5/1000; %変換係数 [V/rpm]

%------------ システムパラメータ(モータドライバモデル) ------------
alpha_i = 5/37.5; %センサ係数 [V/A]


%============== コントローラモデル ==============
%------------ システムパラメータ(A/D 変換器モデル) ------------
```

```
V_A_max = 5; %A/D 変換器最大印加電圧 [V]
V_A_min = 0; %A/D 変換器最小印加電圧 [V]
n = 10;       %分解能 [bit]
alpha_A = (2^n - 1)/(V_A_max - V_A_min);%変換係数

%------------ システムパラメータ(コントローラ(ソフトウェア)モデル) ------------
u_min = 0;   %制御出力の最小値 [%]
u_max = 100; %制御出力の最大値 [%]

%------------ 制御パラメータ(コントローラ(ソフトウェア)モデル) ------------
SV  = 1000; %目標回転数 [rpm]
K_P = 0.1;   %比例ゲイン [—]
K_I = 0.05;  %積分ゲイン [—]
K_D = 0.01;  %微分ゲイン [—]

%------------ シミュレーションの実行 ------------
%シミュレーション終了時間 [s]
Endtime = 30;
%Simulink 起動
filename = 'ECU_sim';
open(filename)
set_param(filename, 'SimulationCommand', 'start')
```

5.4 HILS による動作テストと制御実験

5.4.1 HILS による ECU の動作テスト

ECU と簡易 HIL シミュレータを図 5.2 のようにワイヤーで接続し，ECU の動作テストを行う。ここでは，シールド上にある DC モータの電源 OFF ボタン（赤）と電源 ON ボタン（青）を任意のタイミングで交互に切り替え，ECU の動作を検証する。

検証 1（図 5.11）

❶ HIL シミュレータに電源を供給し，HIL シミュレータを起動する。

❷ PC と Arduino Mega 2560 を USB で接続し，プログラム 5–2 を実行する。

❸ 任意のタイミングで HIL シミュレータボード上の電源 OFF ボタン（赤）と電源 ON ボタン（青）を切り替えることで，図 5.11 のような出力結果を得る。

結果から，HILS では出力のオーバシュート量が非常に大きくなっていることがわかる。MILS モデルの応答との比較結果から，ボタンの切替えタイミングの相違が，オーバシュート量に影響を及ぼしていると考えられる。この原因を明らかにするために，再度 MILS モデルを用いて原因の究明を行う。

ここでは，4 章で使用した「SystemModel_CombinedTest_sim.slx」と「SystemModel_CombinedTest.m」を用いて，以下の検証を行う。

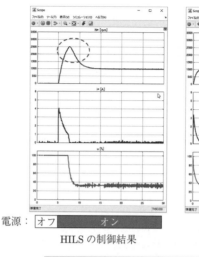

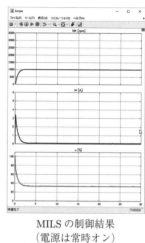

電源オフボタン（左）
電源オンボタン（右）

電源：　オフ　　　オン

HILS の制御結果

MILS の制御結果
（電源は常時オン）

MILS の結果に比べて
オーバシュート量が大きい　➡　電源スイッチの
オン・オフの影響？

図 5.11 ECU の動作検証 1

検証 2（図 5.12）

❹ 電源オンのタイミングを HILS と同じにするため,「Plant Model」ブロック内の電源
電圧 Vs の発生源を,「Constant」ブロックから「Step」ブロックに変更する.

❺ 「Step」ブロックのブロックパラメータを図 5.12 のように設定する.

❻ 「SystemModel_CombinedTest.m」を実行する.

結果より, HILS と同様の現象が確認できた. 以下の検証を行う.

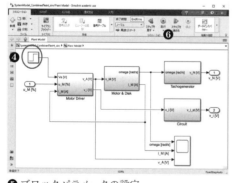

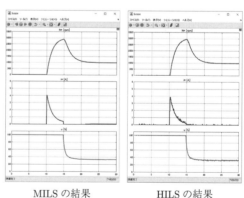

MILS の結果

HILS の結果

❺ ブロックパラメータの設定

MILS でも同様の現象を確認

Step

ブロックパラメータ	変数/値
ステップ時間	5
初期値	0
最終値	Vs

図 5.12 ECU の動作検証 2

検証 3（図 5.13）

❼ 「Controller Model」ブロック内の「PID Controller」ブロックの演算結果に対して，図 5.13 のように「Scope」ブロックを追加する。

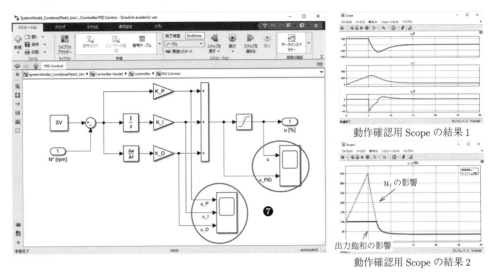

動作確認用 Scope の結果 1

動作確認用 Scope の結果 2

図 5.13 ECU の動作検証 3

　Scope の出力結果をモニタリングしたところ，積分 (I) 動作に関わる u_I の演算結果が，電源 OFF の間に徐々に大きくなり，PID 制御則の演算結果に大きく影響を及ぼしていることがわかった。また，PID 制御則の演算結果はブロック出力の手前にある「Saturation」ブロックの影響で，100 % に飽和し続けており，このことが，オーバシュートの発生に大きく影響しているものと考えられる。

　この現象は，**ワインドアップ現象**（図 5.14）[†]と呼ばれ，飽和を有するアクチュエータを使用する産業現場ではよく確認される現象である。ワインドアップ現象では，飽和関数と積分

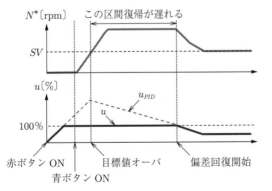

図 5.14 ワインドアップ現象

[†] 出力飽和を有するコントローラにおいて積分器の影響により偏差回復が遅れる現象である。詳しくは参考文献[8]などを参照されたい。

動作の相乗効果により，飽和後のコントローラ出力の復帰が遅れることで，結果として制御量のオーバシュートを引き起こす。この問題を回避するには，制御則に含まれる積分値を適切なタイミングでリセットする必要がある。本制御システムの場合，電源スイッチのオン・オフ動作がワインドアップ現象を引き起こしていることから，スイッチのオン・オフ動作に応じて積分値をリセットすることを考える。そのため，プラントモデルに電源スイッチのオン・オフに連動する新しいデジタル信号線を追加し，コントローラのデジタル入力端子に接続する。HILS の場合，このような急な仕様変更が発生しても，新たなブロックの追加のみで対応することができる。構成変更後のコントローラモデルを図 **5.15** に示す。スイッチのオン・オフ信号に伴うデジタル信号を「Digital Input」ブロックによって取得する。図より，リセットのタイミングは OFF 信号（High レベル）が ON 信号（Low レベル）に立ち下がったときとする。そのため，「Integrator」ブロックのブロックパラメータの「外部リセット」は立ち下がりを選択する。「Integrator」ブロックのブロックパラメータを変更後に現れる入力と「Digital Input」ブロックの出力を結線し，再度，HIL シミュレータによる動作検証を行い，ワインドアップ現象が回避されていることを確認する。

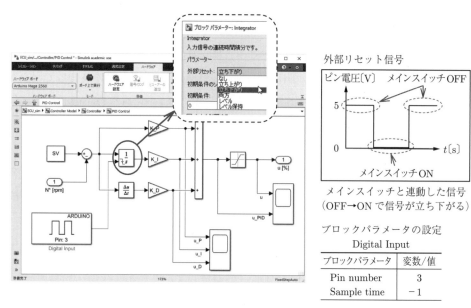

図 **5.15**   ECU モデルの変更

5.4.2   制御システムの製作と実験結果

これまでの設計結果に基づいて実際に図 **5.16** に示すような DC モータ制御システムを製作した。MILS, HILS および実験装置の制御結果を図 **5.17** に示す。結果から，モデル化誤

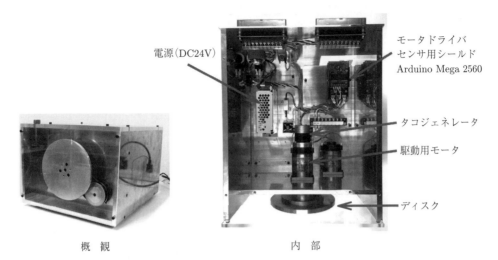

電源（DC24V）

モータドライバ
センサ用シールド
Arduino Mega 2560

タコジェネレータ

駆動用モータ

ディスク

概　観　　　　　　　　　　内　部

図 5.16　DC モータ制御システム

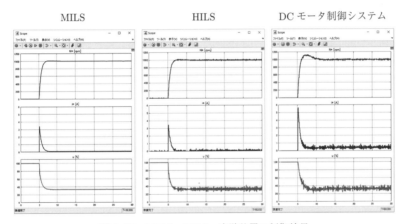

MILS　　　　　　　HILS　　　　DC モータ制御システム

図 5.17　MILS，HILS，実験装置の制御結果

差の影響などにより，出力に若干のオーバシュートが確認されたものの，MILS や HILS で
得られた結果とほぼ同等の制御結果を得られていることがわかる。このように，モデルベー
ス開発では設計・検証作業の多くをモデルを用いて行うことができ，試作機の製作段階での
手戻りをなくすことで，その開発効率を大きく向上させることができる。

章　末　問　題

　HILS 実験により，プラントとコントローラの間の伝送路に混入するノイズ $\xi(t)$ が原因で PID 制
御の結果が劣化した。ノイズについて解析をしたところ，おおむね平均 $\mu = 0$，分散 $\sigma^2 = 1 \times 10^{-2}$
のガウス性ノイズとして近似できることがわかった（図 5.18）。以下の問いに答えよ。

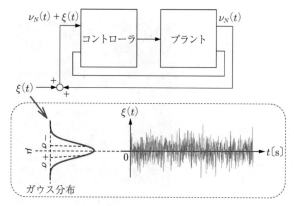

図 **5.18**　センサ信号 $v_N(t)$ に対する伝送路のノイズ

【1】　図 5.18 を参考に MILS のモデルにノイズを印加し，PID パラメータを再調整せよ。

【2】　PID パラメータを再調整する以外に，ノイズが制御性能に与える影響を軽減する方法として，どのような方法が考えられるか考察せよ。

6 MBC

　排気ガスなどの規制強化，安全性や燃費の向上に対応するために，近年自動車用エンジン制御は複雑高度化の一途をたどっており，エンジン制御用 ECU（Electronic Control Unit）内部の制御パラメータ数は，増加傾向にある。すべての制御パラメータの組合せを実機で確認し，最適な組合せを選択するという従来の適合手法では，商品開発の定められた期間内に対応することは，近い将来困難となることは明らかである。この解決のために，テストベンチで採取した必要最小限のデータから統計モデルを作成し，このモデルを基にキャリブレーションを行う手法である **MBC**（Model-Based Calibration）が，自動車製造各社で広く用いられはじめた。また，この手法をサポートするツールやベンチ設備が，さまざまなツールメーカから提供されている。本章では，初学者の方々のためにその概要を紹介する。

6.1　MBC のプロセス

　MBC のプロセスは，一般的に**図 6.1** のような 5 工程からなる。データ採取領域を調査する**領域探索**（Boundary Search）の工程，データ採取ポイントを決定する**実験計画法**（Design of Experiments：DOE）の工程，データ採取の工程，実験データから統計モデルを作成するモデル化の工程，およびモデルから最適値を抽出する最適化の工程である。これらの工程に移行する前の準備作業として，制御対象の入力パラメータと出力パラメータを決定し，出力パラメータを目的性能と制約条件に分けることが必要である。

6.1.1　領　域　探　索

　つぎの実験計画法の工程で必要とされるもので，入力パラメータの範囲を決定するためエンジンでテストをしながら範囲を調査する工程である。エンジンの保護のためのある部分の温度や異常燃焼などの制約，エンジンの特性を計測する計測器の保護のための入力範囲，モデリングを行うのに必要な性能の範囲などから，入力パラメータの範囲が決定される。探索の開始点は安定して計測できるポイントから，入力パラメータの値を変化させ，所望の範囲を決定する。パラメータ数が多くなる近年のエンジンにおいては，この工程に多くの工数が必要となるため，過渡的に変数を振ることによりこの範囲を特定するなどの方法もある。

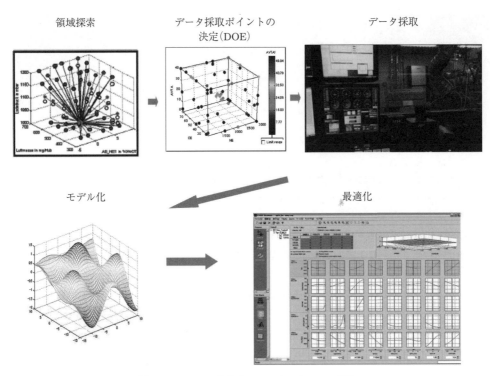

領域探索　　　　　　データ採取ポイントの　　　　　　　　データ採取
　　　　　　　　　　　　決定（DOE）

モデル化　　　　　　　　　　　　　　　　　最適化

図 **6.1**　MBC によるキャリブレーションの流れ

6.1.2　実験計画法（DOE）

　要求精度を満足するモデルを作成するため，必要最小限のデータ採取ポイントを効率的に決定する工程である。実際に実験計画法を実施するにあたっては，いくつかの項目を仮決定する必要がある。事前の対象エンジンの特性把握に基づいた，およそのモデルタイプ，さらに，実験計画法で採取すべきデータ数である。これらの仮決定項目は，相互関係があり，モデル精度に大きく影響するため，たいへん苦慮する項目である。実験計画法からモデル化までを何度か試行錯誤を重ね，場合によってはモデル精度確保のために，エンジン回転・負荷の領域をいくつかの領域に分割するなどの工夫も必要である。データ採取ポイントの配置は，いくつかの実験計画法を用いる。

　例えば，一般的に想定のモデルタイプが多項式関数モデルの場合には，D-最適化法（D-Optimal）などがよく用いられ[4]，モデルタイプが非線形な場合には，Space Filling（空間充填法）が用いられる[5]。

　図 **6.2** に Space Filling と D-Optimal により，データ採取ポイントを数十点発生させた例を示す。図 (b) の D-Optimal では，例えば 2 次モデルを想定すれば特性に合致した発生ポイントが得られる反面，事前にモデルタイプが既知であるべきことが欠点である。一方，図 (a) の Space Filling では，モデルが未知であっても，ある程度のデータ数を確保すればモデ

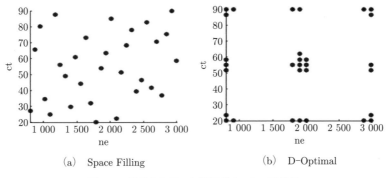

(a)　Space Filling　　　　　(b)　D-Optimal

図 **6.2**　代表的なデータ採取ポイントの配置法

ル精度の向上が可能である。近年は，モデルがデータに過度に適合（オーバーフィッティン
グ）することも少なく，精度の良いモデルが比較的容易に得られる，Space Filling を前提と
したモデル Gaussian Process が多く使われる。

6.1.3　デ ー タ 採 取

　データ採取（Measurement）は多次元の入力パラメータを与えて，実験データを採取する
工程である。キャリブレーションに費やすかなりの時間はこの工程が占める。最近は自動で
実験計画法での計測点を発生させるツールや，その機能を持ったエンジンベンチも用意され
ており，それを活用することで効率化を図ることが可能となっている。この計測についても，
過渡状態で計測することにより時間を短縮する手法も多く提案されている。

6.1.4　モ デ ル 化

　モデル化（Modeling）は採取した実験データから統計的モデルを作成する工程である。モ
デル化に当たっては，実験データの精査，入出力パラメータの関数変換，モデルの再構築な
どが必要である。実験データの精査とは，計測上の問題や環境条件の変化により影響を受け
たデータを除外するなど，データの品質確保を行う作業である。また，モデルを線形領域の
みのモデルを想定している場合，非線形特性を示す不安定領域のデータも併せて除外するな
どの処理が必要となる。入出力パラメータの関数変換とは，例えばエンジントルクのモデル
作成時に，スロットルバルブ開度を角度のまま入力するのではなく，開口面積に変換するな
ど，入出力パラメータを物理特性に合わせて変換する作業である。モデルの再構築とは，作
成した統計モデルと理論式を利用し，より有効なモデルを構築することである。例えば，エ
ンジン燃費性能検討でよく用いられる正味燃料消費率（Brake Specific Fuel Consumption：
BSFC）のモデルは，本来，非線形特性であり，統計モデルでの精度向上が難しいため，燃料
消費量とエンジン出力のモデルから演算する手法を用いるなどの方法がある。このようにモ

デル化の工程の中でも，精度確保のためには試行錯誤が必要となる場合がある。また，作成したモデルの精度検証を有効に行うために，検証用データを別途採取しておくことが重要である。その検証用データを用いて，いくつかのモデルタイプでモデルを作成し，どのモデルタイプが最適であるかを検証する。**図 6.3** に示すように，一般的にモデルの自由度を大きくするとモデルの精度は良くなるが，破線で示す FIT–RMSE（Result Mean Square Error）（≒ 検証用データでの精度）はパラメータ数（自由度）を上げて行ってもある点から悪化する傾向となる。これは，先に述べたオーバーフィッティングと呼ばれる現象で，モデルが欲しい特性に追従するのではなく，採取したデータの誤差の部分にまで追従することにより起こる。これをなくすために，モデル用データと検証用データを別に用意して検証用データを当てはめた際の精度を上げることが必要である。

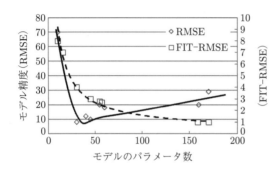

図 6.3　モデルパラメータ数（自由度）とモデル精度

6.1.5　最　適　化

　作成した統計モデルを元に，ある制約条件下において複数の入力パラメータをうまくバランス取りし，目的とする出力パラメータを最適値にする工程である。最適化を行うにはいくつかの手法があり，対象となるモデルの山が一つのみ（単峰性）か，複数存在する（多峰性）かによって異なる。単峰性の場合には**最急降下法**や**逐次二次計画法**（Sequential Quadratic Programming：SQP），多峰性の場合は，**遺伝的アルゴリズム**（Genetic Algorithm：GA）などが用いられる。さらに目的が複数の場合には**多目的遺伝的手法**（Multi-Objective Genetic Algorithm：MOGA）などが適している。

　近年 MBC の適用では，複数の目的性能を複数の制約条件下で最適化する必要があるため，MOGA などがよく採用される。MOGA は，遺伝的手法を用いて最適値の候補を複数求めるもので，その候補点を結んだラインが，いわゆるトレードオフラインとなる。MOGA による世代の進み方を**図 6.4** に示す。

　入力パラメータをランダムに発生（Generation）させたときの出力パラメータ群（燃費・NO_x）を 1 世代目とし，求めたいトレードオフラインに近いものから順位を付け（評価：Evaluation），

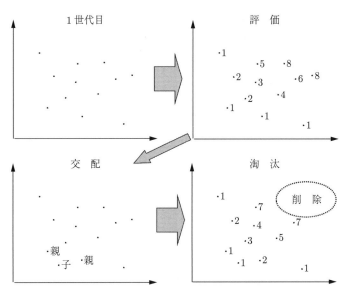

図6.4 MOGA による評価，交配，淘汰の流れ

優先順位の高いものどうしを親と見立てその近くに子を生成し（交配：Crossing），優先順位の低いものを削除していく（淘汰：Selection）。この評価・交配・淘汰の一巡は世代と呼ばれ，繰り返し行われる。MOGA によって，エンジン回転数・負荷の1運転領域での最適化を行うことができる。一般的にキャリブレーション作業を簡素化するために，複数の運転領域を市場での走行頻度で重み付けし，対象とするすべての運転領域での燃費・NO_xを最適にするトレードオフラインを求められるように改善できる。

　これを実際のモデルを使って目的関数を正味燃料消費量（BSFC）と燃費（NO_x）とした例を**図6.5**に示す。この図は MOGA の1世代目，10世代目，および50世代目の最適化結果を示す。1世代目には乱数のように存在していた点が，50世代目では左下の燃費・NO_xのともに低い点に近い点から双曲線状のトレードオフラインが明確になることがわかる。このトレードオフライン上の1点を選択することで，対象とするエンジン回転数・負荷などすべ

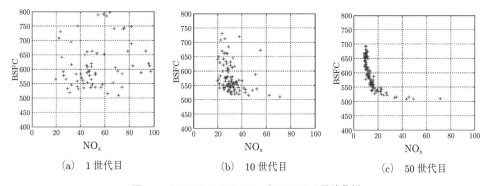

| (a) 1世代目 | (b) 10世代目 | (c) 50世代目 |

図6.5 MOGA による NO_x と BSFC の最適化例

ての領域の回転と負荷の格子（MAP）内の値を一意的に求めることも可能である。また，最適化で求めた MAP は格子点ごとの値が凸凹になり，走行フィーリングが悪化するなどの問題が生じるケースがある。この対応としてスムージングの機能を持つツールが増えている。

6.2 今 後 の 課 題

これまでに述べてきたように，MBC を実際に適用する際には，まだ試行錯誤に頼らざるを得ない領域が多く残っている。MBC はきわめて優秀な手法であるが，現実問題として本格展開上のリスクとなっている。現手法の改善ポイントは，これらの試行錯誤の削減にあるといえる。本領域のおもな残課題としては，つぎの 2 項目が挙がる。

① 対象エンジンの運転可能領域の探索とそれを可能にする事前テスト手法の開発が必要である。その際，エンジン運転の安定領域と不安定領域の限界点を含む，非線形なモデル記述方法の確立もあわせて必要となる。

② 前節で述べた MAP の自動スムージング最適化手法の確立が不可欠で，実用性向上のキー技術と考えている。

そのほか，対象領域の拡大という観点で二つの中期課題があるととらえている。その一つが過渡モデルへの応用である。統計モデルだけでなく理論モデルとの融合などを図り，システム全体の同定を行うなど，エンジニアリング的なアプローチが必要である。例えば，入力パラメータを時系列的にランダムに変化させ過渡モデルを同定する手法も紹介されている。もう一つが，エンジン制御 ECU パラメータのみならず，ハードウェアのパラメータを含めた最適化手法である。CAE 技術との連携がキーとなる。ピストントップ（冠面）の形状決定に実験計画法を用いて形状変化させ，CFD モデルによりシミュレーション計算し，作成したトルクモデルから最適なピストン形状を決定する手法などが紹介されている。

超複雑高度化するエンジン制御の多次元パラメータのキャリブレーションは，もはや人智の及ばない領域に達しようとしている。これに対応しようとしても，MBC 手法以外のアプローチはないといっても過言ではない。まだ成長段階の手法であるが，夢の実現に向けて邁進したいと考えている。本章で述べたエンジニアリング的課題以外での最大課題は，技術者育成にある。非常に多岐にわたる領域の固有技術とスキルが必要であるだけに，組織を挙げた取組みが，いままさに要求されている。

7 モデルとデータのインタプレイによるスマートMBD

MBD に基づいて設計・製作した製品も，経年変化や環境・動作条件などの変更によって，所期の特性（機能）を発揮できない状況に陥ることがある。これは，MBD が結果としてトップダウン型階層システムを構築していることに起因すると考えられる。本章では，これを解決するために事後の情報（データ）を効果的に利用し，モデルとデータを相互に利用することの必要性，ならびにこれに基づく新しいデジタルものづくりプラットフォームの一つとしてスマート MBD について紹介する。

7.1　モデルとデータを相互に利用する必要性

4〜6 章において，MBD について詳細に述べてきた。モデルの構築にあたっては，3 章において述べたようにホワイトボックスモデリング，ブラックボックスモデリング，あるいはグレーボックスモデリングのいずれかによって，対象をモデル化することになるが，いずれにしても事前に取得できる知識や情報（データ）を利用することがほとんどである。ところが事前情報に基づいて MBD を通して作りあげた製品の特性は，経年変化したり，環境条件や動作条件によって変化したりすることは往々にして存在する。

例えば，MBD によると，機能配分の粒度によって自ずと階層構造が構築され，結果としてトップダウン型の階層システムができあがると考えられる[31)〜33)]。その概略を図 **7.1** に示す。

図からわかるように，下流にある要素部品（プラント）が，あらかじめ配分された機能を発揮している間は，この階層型システムは問題なく機能することが考えられる。ところが，前述の通り，環境条件や動作条件によってプラントの特性が変化すると，プラントが所期の機能を発揮することを前提に構築された上位のユニット，さらにはその上位の統合制御部はうまく機能することができず，このトップダウン型の階層システムは，もはや所期の動き（機能）を実現することができなくなる[31)〜33)]。

この問題に対応するために，例えば，このプラントに制御ループを備えユニット化しておくことが考えられる。その概要を図 **7.2** に示す。図からわかるようにプラントに補償器（**データ駆動型制御器（DDC）**）を前置し，データ（事後情報）に基づいて，プラントと補償器で構成される**拡大プラント**（閉ループシステム）が所期の機能を発揮するように，データ駆動

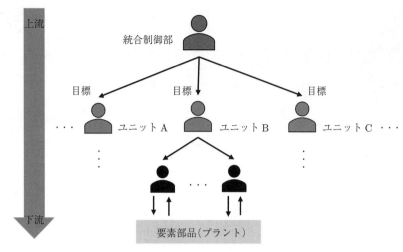

図 7.1　MBD により構築されたトップダウン型階層システム

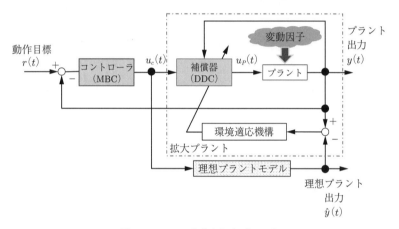

図 7.2　ユニット化されたプラント

型環境適応機構を設計する。これにより，例えプラントの特性が変化したとしても，図 7.1
に示すトップダウン型階層システムは，この製品の製作時と同様に機能し，所期の動作を実
現し続けられることが考えられる[31)〜33)]。つまり，DDC を挿入することで閉ループ系の特
性が所期の動作を実現できれば，MBD に基づいて設計した外側のコントローラ（**モデル駆
動型制御器**（MBC））は，変更することなく利用し続けられることになる。これは，MBD の
特徴を生かした制御システム構成であるといえる。このように，簡単な閉ループ系（拡大プ
ラント）を構成し，特性を変化させる（この場合は，所期の特性を維持する）ことは，古く
から制御系設計の常套手段として用いられてきたことではあるが，この考えを取り入れ，事
後情報としてデータをうまく利用することで，MBD に基づいて設計・製作した製品の機能
（所期の機能）を維持することが可能となる。モデルとデータのインタプレイ（相互作用）に
よる新しいデジタルものづくりプラットフォームが必要であると考える。

7.2　スマートMBD

　前節で述べたデジタルものづくりプラットフォームの一例を示す。本書ではこれを**スマート MBD**[34)] と呼ぶ。**図 7.3** は，そのスマート MBD に基づくトップダウン型階層システムの具体例を示している[35)]。図では，自動車が車体やエンジン，ブレーキ，ステアリングなどのサブシステムで構成される例を示している。

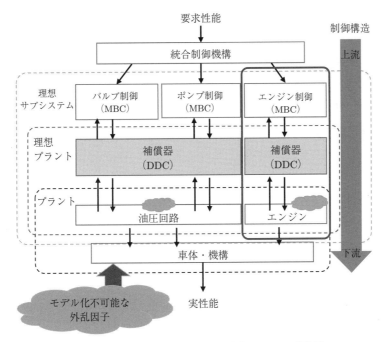

図 7.3　スマート MBD に基づく階層型システムの具体例

　階層の上流に位置する統合制御機構は，要求性能と実性能を一致させるように，プラントモデルに基づいて設計され，各サブシステムに指令を与える。さらに，サブシステムに対応したプラントでは，プラントモデルに基づいた MBC が構築される。このとき，上流にある統合制御機構や各サブシステムでの MBC において構築したプラントモデルの特性と下流側にある実プラントの特性との間の差が小さければ，階層型システムにおける要求性能が達成されると考えられる。しかしながら，下流に位置するプラントの特性変化によって，上流に位置する機構，および MBC で用いたプラントモデルに不確かさが生じると，MBC は効果的に機能せず，その影響が階層型システム全体に波及することになる。結果として，所期の要求性能が達成されない場合を引き起こすことになってしまう。

　これに対し，スマート MBD は，下流のプラントに対してデータ駆動型制御器（DDC）を

付加することで，プラントの特性が変化する場合でも，上流の統合制御機構，および MBC が想定した理想的なプラントモデルと実際のプラントが常に一致するように DDC が機能することで，MBC も効果的に稼働し，これが階層型システムにおける要求性能の維持に繋げることができる。

このように，階層型（制御）構造をモデル（MBC）とデータ（DDC）に基づいて設計することによって，MBC の利点やこれまでに得られた MBD における知見を生かしながら，モデル化が困難な特性変化を取り扱うことができる点が，スマート MBD の大きな特徴である。また，一般に，下流に位置するプラントの複雑さや非線形性などの特性が上流に位置する統合制御機構やサブシステムにおける MBC の設計を複雑化させる要因となるが，下流側において，DDC に基づいた理想プラントとしてモデル化することで，統合制御機構や MBC の設計が容易となるという副次的効果も有していると考えられる。

なお，文献[35]では，上述のスマート MBD の考え方に基づいて自動車のヨーレート制御系を設計した一例が示されているので参照されたい。

付録：Arduino を用いた HILS 環境構築

A.1　Arduino

　ECU や HIL シミュレータの実現には，計算を行うためのプロセッサが必要である。Arduino（アルドゥイーノ）はマイクロコンピュータ（マイコン）と最低限の周辺回路が一つの基板上に実装された，ワンボードマイコンの一種である。ボードに搭載されているマイコンの性能によって幅広いスペックをもつ。また，シールドと呼ばれる拡張ボードを追加で実装することで，その機能を容易に拡張できる。一方，ソフトウェアの開発環境として，統合開発環境の Arduino IDE が提供されているほか，Simulink の RoTH 機能のターゲットハードウェアとしても使用可能できるため，Simulink モデルを Arduino に実装することができる。このように Arduino は，その汎用性の高さから，ホビー用途だけでなく研究室でのプロトタイプ開発や教育用途としても広く普及している。本書では，ECU として図 **A.1** に示す Arduino Mega 2560[†1]，HIL シミュレータに図 **A.2** に示す Arduino Due[†2] を

図 **A.1**　Arduino Mega 2560
（株式会社スイッチ
サイエンスより提供）

表 **A.1**　Arduino Mega 2560 の基本スペック

マイコン	ATmega2560
動作電圧	5 V
クロック周波数	16 MHz
A–D 変換ピン数	16 本
A–D 変換分解能	10 bit
PWM ピン数	15 本
PWM 分解能	8 bit

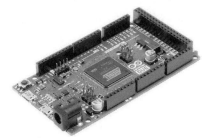

図 **A.2**　Arduino Due
（株式会社スイッチ
サイエンスより提供）

表 **A.2**　Arduino Due の基本スペック

マイコン	AT91SAM3X8E
動作電圧	3.3 V
クロック周波数	84 MHz
A–D 変換ピン数	12 本
A–D 変換分解能	12 bit
D–A 変換ピン数	2 本
D–A 変換分解能	10 bit
PWM ピン数	12 本
PWM 分解能	8 bit

[†1]　アルドゥイーノ メガ 2560 と読む。
[†2]　アルドゥイーノ デュエ と読む。

用いる。Arduino Mega 2560 と Arduino Due の基本スペックを**表 A.1** と**表 A.2** に示す。これらのスペックを比較すると，Arduino Due はクロック周波数が Arduino Mega 2560 よりも高速で，かつ高分解能な A–D 変換器を搭載していることがわかる。また，D–A 変換器も搭載していることから，センサ信号を模擬したアナログ信号も出力可能である。

A.2　簡易 HIL シミュレータ用シールド

HIL シミュレータとして用いられる Arduino Due は，高速な演算機能や多様なインタフェースを備えており，本書で紹介する教育用途や実験室レベルでの簡単な実験であれば，単体でも HIL シミュレータとして活用できる。しかしながら，Simulink と Arduino を用いて簡易 HIL シミュレータを構築するには以下の点に留意しなければならない。

① **動作電圧**　　　Arduino Due は，動作電圧が 3.3 V である。そのため，A–D 変換器やデジタル I/O で利用可能な電圧範囲は [0 V, 3.3 V] となる。しかしながら，ECU などで用いられるコントローラには Arduino Mega 2560 のように 5 V で動作するものも多い。そのため，インタフェース間の電圧レベルが合わないことによる問題が生じる。例えば，Arduino Mega 2560 のデジタル出力（max 5 V）を Arduino Due のデジタル入力（max 3.3 V）へは接続ができない。

② **D–A 変換器の出力電圧範囲**　　　D–A 変換器の出力電圧範囲は [0.56 V, 2.76 V] である。そのため，コントローラとプラントとの電圧レベルが合わず，HIL シミュレータの出力としての用途が大きく限定されてしまう可能性がある。例えば，MILS モデルにおけるセンサ電圧の出力範囲を [0 V, 5 V] としたとき，D–A 変換器の出力が，この電圧範囲を模擬できない。

③ **PWM 信号の計測**　　　Simulink には，Arduino のインタフェースを利用するための I/O ブロックが用意されているが，端子に入力された PWM 信号のデューティ比を計測する機能をもつブロックは用意されていない。そのため，コントローラモデルからの PWM 信号を受信できない。

筆者らは，これらの問題を解決するための信号変換シールド（**図 A.3**）を開発し，Arduino Due に実装している。また，この変換シールドには 6 個のスイッチが実装されており，スイッチ信号に応じてモデルの動作を切り替えることができるようにもなっている。ECU と簡易 HIL シミュレータによって構成されるハードウェア接続の概念図を**図 A.4** に示す。電圧レベル変換シールドが実装されたことで，信号伝送路の電圧レベルが [0 V, 5 V] として統一的に扱えることがわかる。

図 **A.3**　信号変換シールド

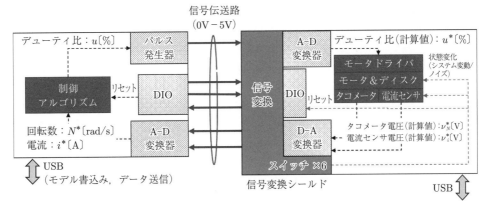

図 A.4　ハードウェア接続の概念図

A.3　インタフェースの仕様決定

　MILS で設計されたプラントモデルのインタフェースブロックを Arduino 用の I/O ブロックに変更し，Simulink の RoTH 機能を用いて Arduino Due にモデルを実装しよう†。ここでは，実際のDC モータ制御システムの構成により近づけた検証を行えるようにするため，シールド基板のスイッチと連動して，モータへの電源供給の「オン」，「オフ」を切り替えられるようにする。スイッチに連動した動作の切替えには 2.4 節で紹介した Stateflow を用いて実現する。

　HILS を行うにあたり，コントローラモデルと HIL シミュレータのインタフェースの仕様を具体的に決定する必要がある。本書では，表 A.3 のようにインタフェースの仕様を決定している。

　プラントモデルで計算されたタコメータ電圧と電流センサ電圧を，Arduino Due に搭載された

表 A.3　インタフェース仕様一覧

コントローラ			信号方向	簡易 HIL シミュレータ		
Arduino Mega 2560				信号変換シールド		Arduino Due
タコメータ電圧	AN5	A–D 変換器入力ピン	←	アナログ信号（レベル変換）	DAC0	D–A 変換器出力ピン
電流センサ電圧	AN6	A–D 変換器入力ピン	←	アナログ信号（レベル変換）	DAC1	D–A 変換器出力ピン
デューティ比	PWM10	パルス発生器出力ピン	→	アナログ信号（信号変換）	A8	A–D 変換器入力ピン
リセット入力	D3	デジタル信号入力ピン	←	デジタル信号（レベル変換）	D7	デジタル信号出力ピン
				押ボタン 1電圧信号出力 →	D14	デジタル信号入力ピン
				押ボタン 2電圧信号出力 →	D15	デジタル信号入力ピン
コモングランド				共通		

---

†　本書で紹介するシミュレータモデルは Web で公開をしているので，すぐに ECU のテストを行いたい読者はプログラムをダウンロードし，5.2 節に従ってプラントモデルを簡易 HIL シミュレータに実装されたい。

D–A 変換器（DAC0, DAC1）から，信号変換シールドを通じて [0 V, 5 V] の電圧として出力される。また，これらの電圧を Arduino Mega 2560 の A–D 変換器（AN5, AN6）を通して受信する。一方，コントローラ出力として計算されたデューティ比に対応した PWM 信号が Arduino Mega 2560 のパルス発生器（PWM10）を通して出力される。この信号は，信号変換シールドを通して [0 V, 5 V] のアナログ信号に変換され，Arduino Due の A–D 変換器（AN8）で [0 V, 5 V] のアナログ電圧信号として受信される。したがって，HIL シミュレータ内部では，[0 V, 5 V] のアナログ電圧値を [0%, 100%] のデューティ比として読み替える必要がある。このほか，信号変換シールドでは押しボタンスイッチに連動して 0 V/3.3 V のデジタル信号が，Arduino Due のデジタル信号入力ピン（D14, D15）に送信される。また，HIL シミュレータ内で決定される電源のオン・オフに応じて Arduino Due のデジタル信号出力ピン（D7）から 0 V/3.3 V の電圧信号が出力され，信号変換シールドを通して，0 V/5 V の電圧信号として Arduino Mega 2560 のデジタル信号入力ピン（D3）に送信される。この信号は，のちにコントローラのリセット信号として用いられるが，詳細については 5.4.1 項で説明している。また，電圧のコントローラ，信号変換シールド，簡易 HIL シミュレータの基準電位（コモングランド）は共通とする。

引用・参考文献

1) dSPACE Japan 監修：モデルベース開発——モデリング，プラント・モデル，コントロール・モデル——，日経 BP 社 (2013)

2) JMAAB いまさら聞けない MBD 編集委員会：京子の MBD 奮戦記——モデルベース開発でクルマ作っちゃった——，TechShare (2015)

3) 大川善邦：MATLAB によるリアルタイム制御入門——xPC Target を使ったモデル・ベース開発 (計測・制御シリーズ)，CQ 出版 (2007)

4) 三田宇洋：MATLAB/Simulink によるモデルベースデザイン入門，オーム社 (2013)

5) 久保孝行：自動車業界 MBD エンジニアのための Simulink 入門——4 週間で学ぶ Simulink 実践トレーニング——，TechShare (2012)

6) 大畠　明，古田勝久：モデルベース開発のための複合物理領域モデリング——なぜ，奇妙なモデルが出来てしまうのか?——，TechShare (2012)

7) 久保孝行：組込みエンジニアのための状態遷移設計手法——現場で使える状態遷移図・状態遷移表の記述テクニック——，TechShare (2012)

8) 須田信英：PID 制御，朝倉書店 (1992)

9) 井上和夫 監修，川田昌克，西岡勝博：MATLAB/Simulink によるわかりやすい制御工学，森北出版 (2001)

10) 広井和男，宮田　朗：ミュレーションで学ぶ自動制御技術入門——PID 制御/ディジタル制御技術を基礎から学ぶ，CQ 出版 (2004)

11) 島田　明：モーションコントロール (EE text)，オーム社 (2004)

12) 山本重彦，加藤尚武：PID 制御の基礎と応用，朝倉書店 (2005)

13) 添田　喬，中溝高好：自動制御の講義と演習 (増補改訂版) (実用理工学入門講座)，日新出版 (2007)

14) 佐藤和也，平元和彦，平田研二：はじめての制御工学，講談社 (2010)

15) 申　鉄龍，大畠　明：自動車エンジンのモデリングと制御——MATLAB エンジンシミュレータ CD-ROM 付——，コロナ社 (2011)

16) 佐藤和也，下本陽一，熊澤典良：はじめての現代制御理論，講談社 (2012)

17) 平田光男：Arduino と MATLAB で制御系設計をはじめよう!，TechSare (2012)

18) 山本　透，水本郁朗：線形システム制御論，朝倉書店 (2015)

19) 足立修一：MATLAB による制御のための上級システム同定，東京電機大学出版局 (2004)

20) 足立修一：システム同定の基礎，東京電機大学出版局 (2009)

21) 吉田元則，山田　薫，奥田恒久，原田真悟：直噴ディーゼル・エンジンにおけるモデルベースキャリブレーションの適用，マツダ技報，No. 24, pp. 164–168 (2006)

22) 臼田浩平，小森　賢，三吉拓郎，寺岡陽一，本城　創，久禮晋一：SKYACTIV の MBD 検証環境について，マツダ技報，No. 31, pp.48–53 (2013)

23) 今田道宏, 小森　賢：エンジン制御システム開発技術, 計測と制御, Vol. 53, No. 8, pp. 702–709 (2014)

24) Mathworks による MBC ホームページ
　https://jp.mathworks.com/products/mbc.html (2018 年 4 月 15 日現在)

25) R. Leithgoeb, et al.: Optimization of New Advanced Combustion Systems Using Real-Time Combustion Control, SAE Paper, 2003-01-1053 (2003)

26) S. Watanabe, et al.: Rapid Boundary Detection for Model Based Diesel Engine Calibration; Design of Experiment in Engine Development, V, 36/55 (2011)

27) 柳井晴夫：多変量解析実例ハンドブック, 朝倉書店 (2002)

28) M. Guerrier, et al.: The Development of Model Based Methodologies for Gasoline IC Engine Calibration, SAE Paper, 2004-01-1466 (2004)

29) Rapid Measurement and Calibration based on Fast xCU Access -iLinkRT (2011)

30) K. Ropke: Design of Experiments (DoE) in Engine Development II, Germany, expert verlag, pp.77–93 (2005)

31) 脇谷　伸, 山本　透：スマート MBD に基づく制御系の一設計, システム制御情報学会研究発表講演会論文集, Vol.65, p.290–293 (2021)

32) 脇谷　伸, 山本　透：スマートモデルベース開発 (S-MBD) アプローチに基づく制御系設計, 日本機械学会 2021 年度年次大会論文集, J123-04 (2021)

33) 脇谷　伸, 山本　透：モデルとデータの相互活用によるスマート MBD (Model Based Development) コンセプト, 2022 年電気学会電子・情報・システム部門大会講演論文集, pp.831–835 (2022)

34) S. Fujii, M. Miyakoshi, S. Wakitani, N. Wada, T. Adachi, Y. Yano, and T. Yamamoto : Vehicle Yaw Rate Control System Design Based on Smart MBD, IFAC-PapersOnLine, Vol.54, No.10, pp.508–513 (2021)

35) 藤井聖也, 宮腰　穂, 脇谷　伸, 和田信敬, 足立智彦, 矢野康英, 山本　透：スマートモデルベース開発（S-MBD）アプローチに基づく制御系の一設計とその自動車のヨーレート制御への応用, 計測自動制御学会論文集, Vol.58, No.3, pp.186–193 (2022)

章 末 問 題 解 答

2章

【1】 (1) 異なるブロックパラメータを持つ sin ブロックの出力を加算し，解図 2.1 の結果を得る。

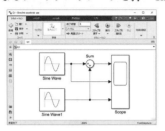

※ソルバーは固定ステップ(0.01 s)

Sine Wave ブロック 1

ブロックパラメータ	変数/値
正弦波タイプ	時間ベース
時間〔s〕	シミュレーション時間を使用
振幅	3
バイアス	0
周波数〔rad/s〕	pi
位相〔rad〕	0
サンプル時間	0

Sine Wave ブロック 2

ブロックパラメータ	変数/値
正弦波タイプ	時間ベース
時間〔s〕	シミュレーション時間を使用
振幅	0.5
バイアス	0
周波数〔rad/s〕	5*pi
位相〔rad〕	0
サンプル時間	0

解図 2.1 (1) 解答

(2) $\cos(\pi t) = \sin(\pi t + \pi/2)$ より，ブロックパラメータの位相を設定し**解図 2.2** の結果を

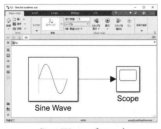

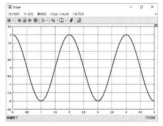

Sine Wave ブロック

※ソルバーは固定ステップ(0.01 s)

ブロックパラメータ	変数/値
正弦波タイプ	時間ベース
時間〔s〕	シミュレーション時間を使用
振幅	2
バイアス	0
周波数〔rad/s〕	pi
位相〔rad〕	pi/2
サンプル時間	0

解図 2.2 (2) 解答

得る。

(**3**)　ガウス性のランダム信号は「Random Number」ブロックを用いて発生することができる（**解図 2.3**）。信号がガウス性であるとは信号の振幅の出現頻度が平均 0，分散 σ^2 の正規分布に従うことを意味する。

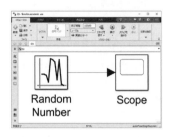

Random Number ブロック

ブロックパラメータ	変数/値
平均	0
分散	2
シード	0
サンプル時間	0

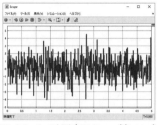

※ソルバーは固定ステップ（0.01 s）

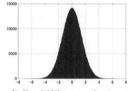

参考：振幅のヒストグラム

解図 2.3　(**3**) 解答

【**2**】　**解図 2.4** の状態遷移図を構築する。図中の en,du: は entry,during の省略形であり，entry アクションと during アクションがともに out=in; であることを示している（2.4.3 項参照）。

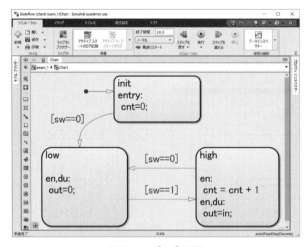

解図 2.4　【**2**】解答

3 章

【**1**】　(**1**)　センサが負の電圧を出力しないことを考慮すると，センサ出力は以下となる。

$$v_h(t) = \begin{cases} \alpha\{h(t) - d\} & (h(t) - d > 0) \\ 0 & (h(t) - d \leq 0) \end{cases}$$

(2) 上記のセンサ出力に対応する Simulink モデルを，**解図 3.1** に示す。ただし，Simulink モデルは**解図 3.2** のようにサブシステム化されたあとのものを示している。

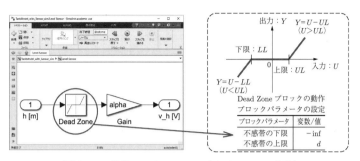

解図 3.1　液位センサのモデル（サブシステム化後）

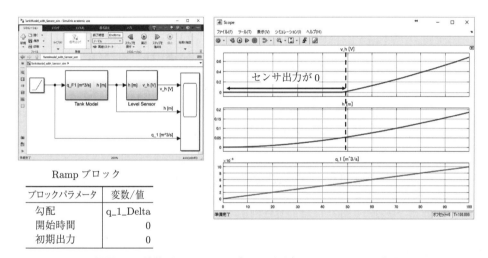

Ramp ブロック

ブロックパラメータ	変数/値
勾配	q_1_Delta
開始時間	0
初期出力	0

解図 3.2　液位プロセスモデル（センサあり）シミュレーション結果

(3) センサモデルを追加したシミュレーションモデル，およびその結果を解図 3.2 示す。また，m ファイルにおけるパラメータの設定例を**解プログラム 3–1** に示す。この結果から，液位 $h(t)$ が不感帯幅 $d = 0.05$ を下回っている間は，センサ出力が $v_h(t) = 0$ となっていることがわかる。

――― **解プログラム 3–1** (TankModel_with_Sensor.m) ―――

```
%問題 3-1解答例(TankModel_with_Sensor.m)
clear
close all
clc

%システムパラメータ
D = 0.5;        % 直径 [m]
H = 1;          % タンク高さ [m]
R = 500;        % 流量抵抗 [s/m^2]
C = D^2/4*pi;   % タンク底面積 [m^2]
```

```
d = 0.05;        % 不感帯 [m]
alpha = 5;       % センサ変換係数 [V/m]

%入力
q_1_Delta = 1e-5; % 流入流量 [m^3/s]

%シミュレーションの実行
Endtime = 100;                          % シミュレーション時間
filename = 'TankModel_with_Sensor_sim'; % Simulink ファイル名
open(filename)                          % Simulink オープン
sim(filename)
```

【2】 (1) 各慣性体の回転の運動方程式は，以下のように表すことができる。バネ接合部の符号に注意すること。

$$J_1\frac{d^2\theta_1(t)}{dt^2} = \tau_1(t) - K\{\theta_1(t) - \theta_2(t)\} - D_1\frac{d\theta_1(t)}{dt}$$

$$J_2\frac{d^2\theta_2(t)}{dt^2} = \tau_2(t) - K\{\theta_2(t) - \theta_1(t)\} - D_2\frac{d\theta_1(t)}{dt}$$

(2) 上記の運動方程式に対応する Simulink モデルと m ファイルによるパラメータ設定の例を，**解図 3.3** および**解プログラム 3–2** に示す。ただし，Simulink モデルは**解図 3.4** のようにサブシステム化されたあとのものを示している。

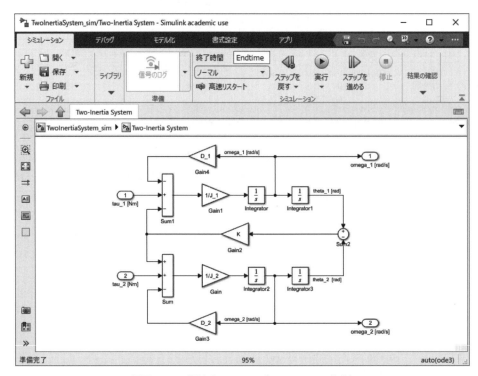

解図 **3.3**　2 慣性系のモデル（サブシステム化後）

─── **解プログラム 3–2** (TwoInertiaSystem.m) ───

```
%問題 3-2解答例(TwoInertiaSystem.m)
clear
close all
clc

%システムパラメータ
%慣性体1
J_1 = 1e-2; % 慣性モーメント 1 [kg・m^2]
D_1 = 1e-2; % 粘性減衰係数 1 [N・m/(rad/s)]
%慣性体2
J_2 = 2e-2; % 慣性モーメント 2 [kg・m^2]
D_2 = 2e-2; % 粘性減衰係数 2 [N・m/(rad/s)]
%接合部
K = 0.1;    % ばね定数 [N・m/rad]

%入力
tau_1 = 1;  % トルク 1 [N・m]
tau_2 = -1; % トルク 2 [N・m]

%シミュレーションの実行
Endtime = 20;                        % シミュレーション時間
filename = 'TwoInertiaSystem_sim'; % Simulink ファイル名
open(filename)                       % Simulink オープン
sim(filename)
```

(**3**) シミュレーションの結果を解図 3.4 に示す。

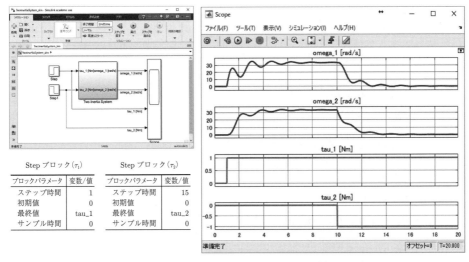

Step ブロック(τ_1)	
ブロックパラメータ	変数/値
ステップ時間	1
初期値	0
最終値	tau_1
サンプル時間	0

Step ブロック(τ_2)	
ブロックパラメータ	変数/値
ステップ時間	15
初期値	0
最終値	tau_2
サンプル時間	0

解図 **3.4**　2 慣性系シミュレーション結果

【**3**】 (**1**) ラプラス変換の定義式より

$$\mathcal{L}\left[e^{-at}\right] = \int_0^\infty e^{-at}e^{-st}dt = \int_0^\infty e^{-(a+s)t}dt$$

$$= -\frac{1}{a+s}\left[e^{-(a+s)t}\right]_0^\infty = -\frac{1}{a+s}\cdot[0-1] = \frac{1}{a+s}$$

(**2**) 部分積分の公式 $\displaystyle\int_a^b f'(t)g(t)dt = [f(t)g(t)]_a^b - \int_a^b f(t)g'(t)dt$ より

$$\mathcal{L}\left[\frac{df(t)}{dt}\right] = \int_0^\infty f(t)'e^{-st}dt = [f(t)e^{-st}]_0^\infty + s\int_0^\infty f(t)e^{-st}dt$$

$$= [0 - f(0)] + sF(s) = sF(s) - f(0) = sF(s) \quad (\because f(0) = 0)$$

(**3**) (2) と同様に部分積分の公式を用いる。

$$\mathcal{L}\left[\int_0^t f(\tau)d\tau\right] = \int_0^\infty \left[\int_0^t f(\tau)d\tau\right]e^{-st}dt$$

$$= \int_0^\infty \left(-\frac{1}{s}e^{-st}\right)'\left[\int_0^t f(\tau)d\tau\right]e^{-st}dt$$

$$= \left[-\frac{1}{s}e^{-st}\int_0^t f(\tau)d\tau\right]_0^\infty + \int_0^\infty \frac{1}{s}e^{-st}\left(\int_0^t f(\tau)d\tau\right)'dt$$

$$= [0 - 0] + \frac{1}{s}\int_0^\infty f(t)e^{-st}dt = \frac{1}{s}F(s)$$

4 章

【**1**】 式 (4.7) および式 (4.8) のラプラス変換は信号の初期値を 0 とすると，それぞれ以下のように記述できる。

$$V_M(s) = RI_M(s) + LsI_M(s) + K_e\Omega(s) \tag{1}$$

$$Js\Omega(s) = K_\tau I_M(s) - D\Omega(s) \tag{2}$$

式 (1) および，式 (2) を次式のように変換する。

$$I_M(s) = \frac{1}{R+Ls}\{V_M(s) - K_e\Omega(s)\} \tag{3}$$

$$\Omega(s) = \frac{K_\tau}{D+Js}I_M(s) \tag{4}$$

ここで，式 (4.3), 式 (4.4) のラプラス変換が

$$\tau_M(s) = K_\tau I_M(s) \tag{5}$$

$$V_e(s) = K_e\Omega(s) \tag{6}$$

であることに注意すると，**解図 4.1** のようなブロック線図を得る。

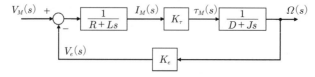

解図 4.1 DC モータ・ディスクモデルのブロック線図

【2】 (a) のブロック線図は，「(a) 電圧から電流への電気的な伝達関数 $G_E(s)$」を表している。伝達関数を以下のように変形する。

$$\text{(a)} : G_e(s) = \frac{1/R}{1 + L/Rs} \tag{7}$$

したがって，(a) はシステムゲイン $K_E = 1/R$，時定数 $T_E = L/R$ の 1 次遅れ系であることがわかる。この結果から，以下のことがわかる。

- 抵抗 R の値は定常状態における電流の大きさだけでなく，電圧が印加された際の電流の立上り時間にも影響を及ぼす。
- インダクタンス L は定常状態における電流の大きさには影響せず，電圧印加時の電流の立上り時間にしか影響を及ぼさない。

同様に，(c) のブロック線図は，「(c) トルクから回転速度への機械的な伝達特性 $G_M(s)$」を表しており，その伝達関数は以下のように変形できる。

$$\text{(c)} : \frac{1/D}{1 + J/Ds} \tag{8}$$

したがって，(a) はシステムゲインが $K_M = 1/D$，$T_M = J/D$ の一次遅れ系であることがわかる。この結果から，以下のことがわかる。

- 粘性減衰係数 D の値は定常状態における回転速度の大きさだけでなく，トルクが印加された際の回転速度の立上り時間にも影響を及ぼす。
- 慣性モーメント J は定常状態における回転速度の大きさには影響せず，トルク印加時の回転速度の立上り時間にしか影響を及ぼさない。

【3】 解答 (1) で導出された式 (4) に式 (3) を代入すると次式を得る。

$$\Omega(s) = \frac{K_\tau}{(D + Js)(R + Ls)} \{V_M(s) - K_e \Omega(s)\} \tag{9}$$

式を整理すると

$$\Omega(s) = \frac{K_\tau}{(D + Js)(R + Ls) + K_\tau K_e} V_M(s) \tag{10}$$

$$= \frac{K_\tau}{JLs^2 + (RJ + DL)s + (DR + K_\tau K_e)} V_M(s) \tag{11}$$

以上より，V_M から $\Omega(s)$ への伝達関数は二次遅れ系として得る。【2】の解析で得た (a) と (c) に含まれる時定数に表 4.3 の具体的な値を入れて計算すると

$$T_E = \frac{L}{R} = \frac{0.2}{5.7} = 0.035\,1 \text{ s} \tag{12}$$

$$T_M = \frac{J}{D} = \frac{1.1 \times 10^{-4} + 1.3 \times 10^{-3}}{6.0 \times 10^{-5}} = 23.5 \text{ s} \tag{13}$$

$T_E \ll T_M$ であることから，電圧から回転速度までの立上り特性は T_M が支配的であることがわかる。ここで，近似的に $T_E \approx 0$ とすれば $L \approx 0$ を得る。式 (11) に上記の近似を適用すると，次式の一次遅れ系を得る。

$$\Omega(s) = \frac{K_\tau}{RJs + (DR + K_\tau K_e)} V_M(s) = \frac{\dfrac{K_\tau}{DR + K_\tau K_e}}{1 + \dfrac{RJ}{DR + K_\tau K_e}s} \tag{14}$$

以上より，近似によって得られた一次遅れ系において，システムゲイン K は

$$K = \frac{K_\tau}{DR + K_\tau K_e}$$

時定数 T は

$$T = \frac{RJ}{DR + K_\tau K_e}$$

となる。ここで，慣性モーメント J の影響に注目すると，電圧から回転速度への伝達特性においても時定数にしか影響を及ぼさないことがわかる。また，D や R の影響は (2) での解析と同じく，システムゲインと時定数に影響を及ぼしている。

5章

【1】 平均 μ，分散 σ^2 のガウス性ノイズは，「Random Number」ブロックによって表現できる。ブロックパラメータのシードに定数を設定することで，つねに同一の時系列ノイズ信号を発生できる。

　　MILS モデルに Random Number ブロックを追加した Simulink モデルと PID ゲインを再調整した結果を**解図 5.1** に示す。ノイズに対するコントローラの感度を落とすために比例ゲインと微分時間を小さくし，応答性能を積分時間を短くすることで補う。特に，微分時間は大きくしすぎると，ノイズの高周波成分を増幅するため，コントローラ出力が振動的になるので注意が必要である。

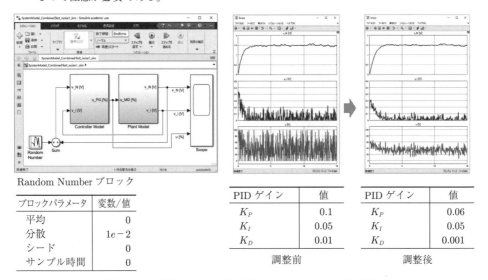

Random Number ブロック

ブロックパラメータ	変数/値
平均	0
分散	$1e\text{-}2$
シード	0
サンプル時間	0

PID ゲイン	値
K_P	0.1
K_I	0.05
K_D	0.01

調整前

PID ゲイン	値
K_P	0.06
K_I	0.05
K_D	0.001

調整後

解図 5.1　伝送路へのノイズの付加と PID ゲインの再調整結果

【2】 一般的に制御に必要なシステム出力の情報は，信号の低周波成分に含まれている場合が多い。そのため，フィードバック信号に含まれる高周波のノイズ成分をあらかじめ除去することで，入力に含まれる高周波成分を抑制することができる。例えば，センサのフィードバック信号に対してローパスフィルタ（低域通過フィルタ）を施すことにより，高周波成分を除去することができる。最も簡単に構成可能なフィルタとして，RC 回路によるローパスフィルタがある（**解図 5.2**）。RC ローパスフィルタの入力電圧 $v_{in}(t)$ と出力電圧 $v_{out}(t)$ の伝達関数は，

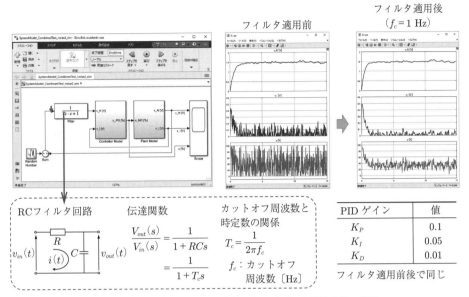

PID ゲイン	値
K_P	0.1
K_I	0.05
K_D	0.01

フィルタ適用前後で同じ

解図 5.2　一次遅れフィルタを用いたノイズの高周波成分の軽減

一次遅れ系で表すことができる。RC ローパスフィルタでは，遮断周波数（カットオフ周波数）f_c を設定することで，時定数 T_c が決定される。RC ローパスフィルタ適用前後の制御結果を解図 5.2 に示す。この結果から，コントローラ成分から高周波成分が除去されている様子が読み取れる。しかし，ローパスフィルタの影響で出力信号から高周波成分がカットされることにより，システム出力の立上り性能が若干劣化していることがわかる。このように観測値にローパスフィルタを施すと，制御性能（速応性）が劣化する場合があるため，微分動作にのみローパスフィルタを施す不完全微分などが産業現場ではよく用いられる。不完全微分については，参考文献[10]などを参照されたい。

索　引

—— 編著者略歴 ——

1987年 徳島大学大学院工学研究科修士課程修了（情報工学専攻）
1987年 高松工業高等専門学校助手
1992年 大阪大学助手
1994年 博士（工学）（大阪大学）
1994年 岡山県立大学助教授
1999年 広島大学助教授
2005年 広島大学教授
　　　　現在に至る

改訂 実習で学ぶ モデルベース開発
—— 『モデル』を共通言語とする V 字開発プロセス ——
Model Based Development — Learning with Practical Training — (Second Edition)
ⓒ Yamamoto, Wakitani, Y. Harada, Kagawa, Adachi, Oki, S. Harada 2018, 2023

2018 年 6 月 8 日　初　版第 1 刷発行
2021 年 5 月 10 日　初　版第 4 刷発行　　　　　　　　　　　　　　　★
2023 年 3 月 22 日　改訂版第 1 刷発行

検印省略	編 著 者	山　本　　　透
	発 行 者	株式会社　コ ロ ナ 社
		代表者　牛 来 真 也
	印 刷 所	三 美 印 刷 株 式 会 社
	製 本 所	有限会社　愛 千 製 本 所

112–0011　東京都文京区千石 4–46–10
発 行 所　株式会社　コ ロ ナ 社
CORONA PUBLISHING CO., LTD.
Tokyo Japan
振替 00140-8-14844・電話(03)3941-3131(代)
ホームページ https://www.coronasha.co.jp

ISBN 978–4–339–04683–0　C3053　Printed in Japan　　　　　　（新井）

計測・制御セレクションシリーズ

（各巻A5判）

■計測自動制御学会 編

計測自動制御学会（SICE）が扱う，計測，制御，システム・情報，システムインテグレーション，ライフエンジニアリングといった分野は，もともと分野横断的な性格を備えていることから，SICEが社会において果たすべき役割がより一層重要なものとなってきている。めまぐるしく技術動向が変化する時代に活躍する技術者・研究者・学生の助けとなる書籍を，SICEならではの視点からタイムリーに提供することをシリーズの方針とした。

SICEが執筆者の公募を行い，会誌出版委員会での選考を経て収録テーマを決定することとした。また，公募と並行して，会誌出版委員会によるテーマ選定や，学会誌「計測と制御」での特集から本シリーズの方針に合うテーマを選定するなどして，収録テーマを決定している。テーマの選定に当たっては，SICEが今の時代に出版する書籍としてふさわしいものかどうかを念頭に置きながら進めている。このようなシリーズの企画・編集プロセスを鑑みて，本シリーズの名称を「計測・制御セレクションシリーズ」とした。

定価は本体価格＋税です。
定価は変更されることがありますのでご了承下さい。

||||||||||||||||||||||||||||||| 図書目録進呈◆

システム制御工学シリーズ

（各巻A5判，欠番は品切です）

■編集委員長　池田雅夫
■編集委員　足立修一・梶原宏之・杉江俊治・藤田政之

定価は本体価格＋税です。
定価は変更されることがありますのでご了承下さい。

図書目録進呈◆

計測・制御テクノロジーシリーズ

（各巻A5判，欠番は品切または未発行です）

■計測自動制御学会 編

定価は本体価格+税です。
定価は変更されることがありますのでご了承下さい。

‖‖‖‖‖‖‖‖‖‖‖‖‖‖‖‖‖‖‖ 図書目録進呈◆

モビリティイノベーションシリーズ

（各巻B5判）

- ■編集委員長　森川高行
- ■編集副委員長　鈴木達也
- ■編　集　委　員　青木宏文・赤松幹之・稲垣伸吉・上出寛子・河口信夫・
- （五十音順）　　佐藤健哉・高田広章・武田一哉・二宮芳樹・山本俊行

> 交通事故，渋滞，環境破壊，エネルギー資源問題などの自動車の負の側面を大きく削減し，人間社会における多方面での利便性がより増すと期待される道路交通革命がCASE化である（C：Connected，A：Autonomous，S：Servicized，E：Electric）。現在は自動車の大衆化が始まった20世紀初頭から100年ぶりの変革期といわれている。
>
> 本シリーズは，四つの巻（第3，5，1，4巻）をCASEのそれぞれの解説にあて，さらにCASE化された車を使う人や社会の観点から社会科学的な切り口で解説した一つの巻（第2巻）を加えた全5巻で構成し，多角的な研究活動を通して生まれた「移動学」ともいうべき統合的な学理形成の成果を取りまとめたものである。この学理が，人類最大の発明の一つである自動車の変革期における知のマイルストーンになることを願っている。

シリーズ構成

定価は本体価格+税です。
定価は変更されることがありますのでご了承下さい。

図書目録進呈◆